생로병사 삼국지 三國志

생로병사 삼국지 三國志

의사의 눈으로 본
삼국지 속 영웅들의
삶과 죽음

유수연 · 정미현 지음

예인드스

들어가는 글

어린 시절부터 우리의 마음속에 자리 잡은 고전이 있습니다. 유비, 관우, 장비의 우정과 제갈량의 지략, 조조의 냉철한 야심을 그린 『삼국지』는 이름만 들어도 가슴이 두근거리는 이야기의 보고입니다. 수백 년 전 나관중이 『삼국지연의』라는 이름으로 세상에 풀어낸 이 장대한 서사는 시간이 흘러도 낡지 않고 동아시아 전역을 넘어 세계인의 서가에 꽂혀 있습니다. 인간사의 본질을 담고 있기에 시대가 달라져도 여전히 새롭게 읽히는 고전이라 할 수 있습니다.

『삼국지』는 언제나 수많은 방식으로 다시 태어났습니다. 때로는 역사적 사실에 가까운 『정사(正史)』의 기록으로, 때로는 예술적 상상력이 덧입혀진 『연의』의 형태로, 그리고 다시 소설과 드라마, 영화와 게임의 모습으로 살아왔습니다. 그렇게 재해석과 재평가, 재창조를 거듭하며 『삼국지』는 지금까지도 우리 곁에서 호흡하고 있습니다. 마치 다 다루어진 듯하지만, 여전히 이야기할 거리가 남아 있는 고전. 바로 그것이 『삼국지』의 힘일 것입니다.

이 책은 그 무궁한 이야기 속에서 우리가 찾아낸 또 다른 길입니다. 고전의 인물들을 오늘의 시선으로, 그것도 의학이라는 렌즈를 통해 다시 들여다보고자 했습니다. 영웅으로 불리던 장수들도, 책략가라 불리던 현자들도 결국은 우리와 같은 인간이었고, 인간이기에 병들고 쇠약해지며, 결국 죽음을 맞이했습니다. 우리는 이 책을 통해, 영웅들도 생로병사를 겪을 수밖에 없는 한 인간이었다는 것을 보여주고 싶었습니다.

오늘날에야 비로소 가능해진 시도—현대 의학으로 옛 기록을 읽어내는 작업—을 시작하면서 우리는 설레고, 영광스럽고, 또 감사했습니다. 역사의 기록을 바탕으로, 의학이라는 도구를 빌려, 오래된 영웅들의 마지막을 더 가깝게, 더 생생하게 느껴보고 싶었습니다. 이미 수없이 이야기된 듯한 『삼국지』에서 여전히 발견할 수 있는 새로운 해석의 가능성, 그것이 이 책을 쓰게 된 가장 큰 기쁨이자 동력이었습니다.

이 글을 읽는 독자 여러분도, 『삼국지』를 '또 다른 방식'으로 즐길 수 있기를 바랍니다. 단지 전쟁과 계략의 이야기가 아니라, 인간과 질병, 그리고 삶과 죽음의 이야기로서. 우리는 그 길 위에서 독자와 다시 만나게 되기를 기대합니다.

차례

들어가는 글　　004

01

한(漢)의 대장군 원소, 피를 토하며 죽다:
건강 악화로 모든 것을 잃은 최강자

- 백성의 사랑을 한 몸에 받은 인의군자　　015
- 두 번의 삼년상 그리고 때 이른 죽음　　016
- "피를 토하며 죽었다"　　019
- 이해할 수 없는 원소의 조바심　　020
- 원소가 더 오래 살았더라면?　　024

02

오(吳)의 도독 여몽, 병으로 요절하다:
담보된 꽃길을 불태운 가족성 위암

- 성장형 영웅의 괄목상대　　031
- 관우의 원혼은 아니었다　　036
- 소리 없는 암살자, 가족성 위암　　039
- 여몽이 더 오래 살았더라면?　　046

03

위(魏)의 삼공 종요, 말문이 막히다:
48세 연하녀와의 만남은 실어증을 낳고

- 설득의 귀재　　049
- 실어증은 어떻게 종요의 혀를 묶었나　　053
- 이후 나이를 무색케 하는 왕성한 활동　　061

04
위(魏)의 천자 조비, 머리카락도 목숨도 잃다: 탈모도 서러운데 요절까지

- 유능한 지도자인가, 최악의 소인배인가　　　**067**
- 아버지의 인정을 받지 못했던 아들　　　**070**
- 살얼음판 위의 삶　　　**073**
- "머리털이 빠지는 게 그치지 않았다"　　　**077**
- 단맛 중독자 조비의 급사　　　**080**
- 두 번의 남정(南征)과 이질아메바 감염증　　　**082**

05
한수정후(漢壽亭侯) 관우, 자부심과 오만의 경계에 서다: 자기애성 성격장애

- 유례없는 진상 환자　　　**089**
- 강한 정신력의 근원, 자기애성 성격장애　　　**095**
- 죽음의 복선, 오만　　　**106**

06
소패왕(小霸王) 손책, 죽음을 자초하다: 경계성 성격장애

- 적국의 책사조차 예지한 손책의 요절　　　**111**
- 극단적인 성격, 그럼에도 하늘을 찌르는 인기　　　**114**
- "미친개와는 예봉을 다투기 어렵다"　　　**120**
- 낮은 자존감은 후환을 남기고　　　**124**
- "내 얼굴이 이 지경인데…"　　　**129**

07 서주(西周)의 진등, 회를 즐기다: 먹지 말라는 것을 먹으면

- 삼국시대 사람들은 무엇을 먹었나   136
- 손책을 죽이고, 생선에 죽고   139
- 잉어회와 간흡충증   143
- 진등이 더 오래 살았더라면?   148

08 위왕(魏王) 조조, 골머리를 앓다: 극한의 효율성을 추구하기까지

- 다재다능의 표본   152
- 두풍(頭風)의 정체   158
- 양생법, 짐주 그리고 간소한 삶   162

09 패국(沛國)의 화타, 신의(神醫)가 되다: 현대 의학으로 해석하는 화타의 질병 치료기

- 과(科)를 가리지 않는 활약   168
- 2세기의 의사, 사직서를 던지다   189

10 후한의 동탁과 위의 허저·조진, 현대인의 고질병에 걸리다

- "배꼽에 붙인 불이 며칠을 꺼지지 않았다"   **195**
- 허리둘레 43인치의 사나이   **199**
- 뚱뚱하다고 놀림 받은 조진   **202**
- 현대인의 비만 치료법   **205**

11 위의 대장군 하후돈과 무양후 사마사, 마음의 창을 잃다: 애꾸눈이 된 사나이

- 전쟁만 빼고 다 잘했던 대장군   **213**
- 눈이 빠져나오게 만들었던 안와 봉와직염   **219**

12 촉한(蜀漢)의 승상 제갈량, 과로사로 져버리다: 국가의 발전을 위해 갈아 넣은 생명력

- 먹는 것은 적고 일은 많은 삶(食少事煩)   **228**
- 생명을 갉아먹는 과로   **233**
- 제갈량이 더 오래 살았더라면?   **235**

맺음말 **239**

미주 **240**

그림 출처 **246**

01
한(漢)의 대장군 원소, 피를 토하며 죽다

건강 악화로 모든 것을 잃은 최강자

집안 대대로 공경대신 배출해 큰 명성 날리고 累世公卿立大名

젊어서 뜻 있어 천하를 주름잡았네 少年意氣自縱橫

헛되이 준걸 삼천 명을 불러다 먹이고 空招俊傑三千客

함부로 영웅이라며 백만 대군을 거느렸구나 漫有英雄百萬兵

호랑이 가죽을 뒤집어쓴 양이라 성공하지 못했고 羊質虎皮功不就

봉황 깃털에 닭의 배짱이니 큰일을 이루기 어려워라 鳳毛雞膽事難成

가여워라 한 가지 마음 아픈 것은 更憐一種傷心處

집안이 어려운데 쓸데없이 두 형제를 끌어들인 것이네 家難徒延兩弟兄

『삼국지연의(三國志演義)』(이하『연의』)의 판본을 완성했다고 알려진 청나라 시대의 문예비평가 모종강(毛宗崗)이 자신이 편집한『연의』에서 인용한 시입니다. 원소(袁紹)의 인생을 돌아보는 내용이라지만, 한때나마 천하를 주름잡던 영웅의 일생을 그렸다고 하기에는 제법 각박한 데가 있습니다. 특히 원소에 대한 묘사가 '양'이나 '닭'이라는 동물로 표현된다는 점에서는 더더욱 그렇습니다.

하지만 『연의』에서의 원소는 시에서의 모습 그대로입니다. 반(反)동탁 연합의 맹주로 추대되었음에도 여러 제후를 제대로 통제하지 못한 채 우유부단하게 굴다가, 동탁을 타도할 기회를 날려버리죠. 어느 순간 하북(河北)의 최강자가 되기도 했지만, 우유부단하게 굴다가 열세였던 조조에게 역전패를 당합니다. 심지어 후계자를 세울 때도 우유부단하게 굴어, 원소 사후 원가의 하북은 통째로 조조의 품에 떨어지게 됩니다.

『연의』의 초반부는 남들에게 환관의 손자라며 무시나 받던 조조가 어떻게 최종 빌런으로 진화하느냐에 초점을 두고 있습니다. 최종 빌런으로 진화하는 마지막 관문이, 당대 최강자인 원소와의 전쟁이었고요.

그런데 원소가 그렇게 부족한 사람이었다면, 어떻게 당대 최강자가 될 수 있었을까요? 『연의』에서는 이런 설정의 빈틈을 원소의 혈통으로 메꿉니다. 능력도 자질도 조조에 비해 부족했지만, 명문가 출신이었기에 사람들이 모였다는 식으로.

그러나 『정사 삼국지』(이하 『정사』)나 『후한서(後漢書)』 등 사서의 기록은 『연의』와는 다릅니다. 역사 속 원소는 당대를 살아간 어느 누구보다 완벽한 사람이었습니다. 외모, 정치적 능력, 인품, 군사적 재능, 모든 면에서요.

단 하나, 혈통만 빼고 말이죠.

원소는 얼자(孼子: 천민 신분의 첩에게서 태어난 아들)였습니다. 원술(袁術)의 이복형이었죠. 원소의 친아버지 원봉(袁逢)은 원소가 태어나자마자, 아들 없이 죽은 친형 원성(袁成)의 양아들로 입적했습니다. 애초에 이름 소(紹)부터가 남의 후사를 이을 때 쓰이곤 했습니다.

명문가가 쟁쟁한 적자를 두고 서자도 아닌 얼자를 띄워줄 리 없습니다. 명성을 얻기 위해, 원소는 두 번의 삼년상(三年喪)을 치릅니다. 친아버지 원봉의 정실, 즉 원술의 친어머니가 사망하자 처음으로 삼년상을 치렀으며, 숙부이자 수양아버지인 원성을 위해 다시 한번 삼년상을 치렀지요.

원소

삼년상이라고는 하지만, 실제로는 만 26개월에서 27개월의 기간 동안 진행되는 행사라고 볼 수 있는데, 기간이 3년에 못 미친다 하더라도 전혀 쉬운 일이 아니었습니다. 삼년상의 내용을 살펴보면, 여름이고 겨울이고 부모 무덤 옆의 움막에서 살아야 하며, 거친 삼베를 사용해 만든 참최복(斬衰服: 자른 부위를 꿰매지 않고 지은 옷) 혹은 자최

복(齊衰服: 자른 부위를 꿰매어 지은 옷)을 입어야만 합니다. 게다가 날씨가 아무리 춥더라도 겹이불을 덮을 수도 없었습니다.

이 기간 동안에는 외출할 때는 모자 비슷하게 생긴 방립을 착용해야만 했는데, 하늘을 볼 수 없는 죄인이기 때문이라는 뜻이었습니다. 그러니 삼년상을 치르는 상주는 햇볕도 제대로 쬘 수 없게 되는 것이죠. 상황이 이런데도 식사를 통한 체력 보충도 힘들었습니다. 육류는 당연히 먹을 수 없으며, 몸이 아파도 약조차 먹을 수 없었습니다. 이런 환경에서 삼 년을 지내다 보면 비타민이나 단백질과 같은 영양소 결핍이나 면역력 저하가 초래될 수밖에 없죠.

이렇게 지치고 힘든 몸을 이끌고 조문객이 오면 손님맞이까지 해야 했습니다. 사세오공(四世五公: 4대에 걸쳐 다섯 명의 재상을 배출한 집안)이자 사세삼공(四世三公: 4대 연속으로 재상을 배출한 집안)으로, 당대 최고의 명문가였던 원씨 가문의 삼년상입니다. 더군다나 당시에는 과거 시험이 없었던 만큼, 임관을 위해서는 '높은 사람'의 천거를 받아야만 했습니다. 어떻게든 원씨 가문의 눈에 들려던 조문객이 전국에서 끝도 없이 찾아왔지요. 체력 소진이 엄청났을 텐데, 원소는 이 삼년상을 두 번 연속으로 치릅니다.

대충 치른 것도 아닙니다. 유명한 집안의 행사니만큼 지켜보는 눈이 많았습니다. 더군다나 원소는 출신의 한계로 더욱 튼튼한 유교적 배경이 필요했지요. 원소는 지켜보는 모든 이의 탄성을 자아낼 정도로 완벽하게 육년상을 마칩니다.

백성의 사랑을 한 몸에 받은 인의군자

환관이 득세하던 시절입니다. 두 차례의 당고지금(黨錮之禁: 후한 말, 환관 세력이 사대부 세력의 유력 인사 다수를 금고에 처했던 정치적 탄압 사건으로 피해자가 총 8,900명에 달했다)으로 청류(淸流)는 숨소리도 내지 못했습니다. 숨소리를 냈던 청류는 이미 죽거나 옥에 갇혔고요. 숨어 살던 청류 인사들은 너무나 자연스레, 유교의 '끝판왕' 원소를 주목합니다.

완벽한 육년상으로 혈통의 한계를 뛰어넘은 원소는 누구보다 빠르게 비상했습니다. 그러고 나서도 자신의 명성에 흠이 가는 일은 절대로 하지 않았습니다. 물론 냉혹하고 잔혹한 일을 많이 저지르기는 했습니다만, 적어도 겉으로는 완벽한 인의군자 그 자체였습니다. 백성의 사랑을 한 몸에 받았죠.

> 원소는 사람됨에 인정이 있고 정치를 잘했다. 그렇기에 백성들은 그를 일컬어 '덕'이라 불렀다. 하북에선 점잖은 선비에서 비천한 여인에 이르기까지 그에게 불만을 품은 자가 없었다. 원소가 죽자 저자 거리에서는 눈물과 통곡이 끊이지 않았으며, 심지어 부모상을 치르는 자도 있을 정도였다.
>
> 『후한서』〈원소열전〉

그러나 이랬던 원소는 결국 관도대전(官渡大戰)에서 조조에게 패합니다.

> 군대가 패배한 이후로 병이 나서, 건안 7년(202년) 근심하다 죽었다.
> 『정사』〈원소전〉

> 『위지(魏志)』에 이르길 "원소는 자군이 패한 이후 병이 생겨 피를 토하며 죽었다."
> 『배송지(裴松之)』

원소의 정확한 생년은 알 수 없으나 어린 시절부터 친구였다는 조조와 큰 차이는 없을 것으로 생각됩니다. 그렇다면 원소는 40대 후반, 많아봐야 50대 초반에 사망한 것으로 추정할 수 있습니다. 원소는 '용모가 단정하고 예의가 바르다'라는 묘사가 있는 것을 볼 때, 평소 방탕하게 산 것 같지는 않습니다. 되려 자기관리를 상당히 잘했으리라 추측됩니다.

이럼에도 불구하고, 비교적 이른 나이에 사망한 것으로 볼 수 있습니다. 동시대의 군주급 인물들인 조조(65세)나 유비(62세)가 60대에 사망한 것과 비교하면 더욱 두드러지는 이른 죽음이죠.

두 번의 삼년상 그리고 때 이른 죽음

원소가 전쟁에서의 패배 이후 병이 났

다는 기록으로 보면 극심한 스트레스와 같은 심리적인 문제가 사망에 영향을 끼쳤을 수도 있습니다. 근심하다 죽었다는 문장과도 일치하죠. 그러나 패전부터 사망까지의 기간은 1년 반 정도입니다. 그 사이 원소는 병상에만 누워 있지 않았습니다. 배반한 성읍을 진압하고, 반란군을 평정했습니다. 『연의』에서처럼 패하자마자 분노하다 피를 토해서 죽은 것은 아닙니다.

물론 평생토록 백성에게 사랑받았던 원소에게는 반란 그 자체가 충격이었을 수는 있겠습니다. 그렇게 스트레스가 더 쌓였을지도 모르고요. 혹은, 젊은 시절 그 힘든 삼년상을 두 번이나 치렀으니, 그때 이미 몸이 망가진 것이라는 가설도 고려해볼 수 있죠.

한국 역사 속에도 조선시대 5대 왕인 문종이 어머니 소현왕후와 아버지 세종의 삼년상을 연달아 치르는 동안 몸이 상해, 결국 재위 2년 만인 38세의 나이에 사망하는 일이 있었습니다. 이후 조선 역사는 단종의 왕위를 문종의 동생이었던 수양대군이 찬탈하며 요동치게 됩니다. 문종의 경우는 부모의 상치레와 사망까지의 기간이 짧았기에, 삼년상으로 인한 건강 문제가 그의 사망과 밀접한 연관이 있었을 것으로 보입니다.

그에 비해 원소는 문종만큼 삼년상 이후 사망까지의 기간이 짧지는 않습니다. 그래도 위에 언급한 바와 같이 체력에 무리가 갈 만한 삼년상을 두 번이나 치렀다면, 그 기간 동안의 극심한 피로와 영양 부족 상태가 만성 질환이 발병하는 데 영향을 주었을 가능성도 분명히 있습니다.

예를 들면, 결핵 감염에 대해서 생각해 볼 수 있습니다. 결핵의 원인균은 '마이코박테리움 투버클로시스(Mycobacterium tuberculosis)'로, 마이코박테리움 속(genus)은 대략 1억 천만 년 전부터 있었을 것으로 추측되는 박테리아입니다. 결핵균은 7만 년 이상을 생존해왔고, 현재는 전 세계적으로 거의 20억 명 이상의 사람들을 감염시킵니다.[1] 기원전 3000년 전 고대 중국에서도 결핵 환자에 대한 언급이 있었습니다(『황제내경(黃帝內經)』에서 '소모성 질환'이라고 묘사됩니다).[2] 그러므로 원소가 활약한 시기에도 당연히 결핵균과 그에 감염된 환자들은 존재했을 것입니다.

결핵은 호흡기 감염 질환으로, 원소가 삼년상을 치르는 동안 수없이 반복했을 문상객을 맞이하는 행위는 결핵에 감염될 위험도를 상승시켰을 것입니다. 위생 관리가 잘 안 되는 무덤 곁 생활, 그리고 영양 결핍 상태의 지속이 결핵이 악화되는 데 영향을 주었을 가능성 역시 존재합니다.

그러나 당시 원소가 폐결핵에 걸렸다고 하기엔 삼년상 후에도 꽤 오래 살아 있었고, 역사 기록의 한계를 고려하더라도 결핵 환자 특유의 용모나 임상 증상(창백한 피부, 마른 몸, 잦은 기침과 각혈 소견)에 대한 언급이 전혀 없어서 이것을 주요 사망원인으로 보기에는 한계가 있습니다.

"피를 토하며 죽었다"

원소가 간염 바이러스에 감염(이 역시 위생 및 영양 상태와 관계가 있는 질환)되었을 가능성입니다. 간염의 가장 흔한 원인 중 하나인 B형 간염 바이러스는 청동기시대부터 존재했다고 알려져 있습니다.[3] B형 간염 바이러스는 다양한 경로 감염이 가능(주로 혈액을 통해 감염되지만, 간염 환자의 타액, 질액, 정액에 바이러스가 존재하기 때문에 성행위에 의해 전염될 수도 있으며, 혹은 간염 환자의 모친에 의한 수직 감염 가능성도 존재합니다)하기 때문에 모종의 경로로 원소가 감염된 상태에서 삼년상을 치르는 동안 만성 간염이 되었을 가능성이 있습니다.

만성 간염 환자는 주로 전신의 병감 및 피로감과 식욕 감퇴 등을 느낄 수 있는데, 이러한 증상을 느꼈다고 해도, 고대 중국에 살았으며 의학 지식도 없던 원소가 그 원인을 간의 이상에 의한 것으로 파악했을 가능성은 떨어지며, 오히려 정치 및 전쟁 수행에 의한 근심으로 인해 느껴지는 증상으로 생각했을 것입니다. 만성 간염은 간경화나 간암으로 진행할 가능성이 높습니다.

만약 원소에게 간경화가 있었다면 이에 의해 식도 정맥류가 생겨날 수 있습니다. 간경변증이 심해지면 간 조직 내 혈액이 지나가는 통로에 압박이 가해지고 간문맥에 대한 저항력이 증가하여 압력이 상승합니다. 이러한 상황을 문맥압 항진증이라고 하는데, 이 상태에서는 간 주위에 있는 식도나 위에 있는 혈관이 발달하게 되어 식도 정맥류까지 발생할 수 있습니다. 식도 정맥류가 생겨나면, 이 혈관에서 출혈이 발생할 위험성이 증가하게 됩니다. 만에 하나 출혈이 일어나면, 다량의 피를 토하게 되고 자칫하면 사망에 이를 수 있게 되죠. 원소가 정말로 '다량의 피를 토하고 사망'했다면, 이 가설이 상당히 유력해집니다.

이해할 수 없는 원소의 조바심

원소에게 만성적으로 가해진 육체적, 정신적인 스트레스(두 차례의 삼년상과 정치 및 군사 지도자 위치에서 겪는 고뇌 등등)에 의해 고혈압이나 당뇨가 중년 이후 발병했을 수 있습니다.[4]

물론 이 두 질환이 발생했다고 해도, 고대 중국이라는 시대적 한계에 의해 원소는 그와 같은 만성 질환의 존재를 모르고 지냈을 것입니다.

특히 고혈압의 경우에는 딱히 임상 증상이 나타나지 않는 경우가 많으니까요. 게다가 당뇨병도 혈당이 아주 높거나 낮지 않은 경우에는 별 다른 증상을 못 느끼고 지낼 수 있습니다. 그렇기에 원소에게 고혈압이나 당뇨병이 있었다고 해도(둘 중 하나 혹은 둘 다), 별 다른 몸의 이상을 느끼지 못한 채, 혈압이나 혈당 조절도 하지 않고 지냈을 것입니다(만에 하나 이 두 질환을 진단했다 한들 고대에는 이 질환을 조절할 방법도 약제도 없었으니까요).

어쨌든 이 두 질환을 조절하지 않고 지낼 경우에는 심혈관 및 뇌혈관 질환이 발생할 위험도가 증가하게 됩니다. 그리고 원소가 겪은 심리적 스트레스 역시 이와 같은 혈관 질환 발생에 악영향을 끼칠 수 있습니다.[5] 게다가 두 번의 삼년상 이후 원소의 식습관을 정확히 알 수는 없지만, 상당한 명문대가답게 기름지고 호화로운 식사를 하기 쉬웠다면(현대 하북 지역 대표 요리 중 하나가 북경오리. 고대 시절에도 이런 것을 먹었을지는 정확히 알 수 없지만 이런 스타일의 음식을 먹었을 가능성을 배제할 수는 없겠습니다), 이상지질혈증(Dyslipidemia)이 발생했을 가능성도 배제할 수 없으며, 이상지질혈증 역시 심혈관이나 뇌혈관 질환 발생의 위험인자로 작용하기에 원소의 건강을 위협하는 요인이 될 수 있습니다.[6]

원소가 혈압과 혈당을 조절하지 못한 상태에서 관도대전 패전 등으로 큰 충격을 받았다면, 현대에도 높은 치사율을 보이는 급성 심근경색(Acute myocardial infarction, AMI) 혹은 뇌졸중(뇌경색이나 뇌출혈)이 발생하여 급사했을 가능성도 배제할 수는 없습니다. 물론 심혈관이나 뇌혈관 질환으로는 '피를 토하는 증상'이 발생하긴 어렵지만, 만성적인 심리적 스트레스가 원소를 죽음에 이르게 한 과정을 설명하기엔 적합할 수도 있겠습니다.

최근에는 선후, 혹은 인과관계를 반대로 보기도 합니다. 두 번의 삼년상이 원소의 건강을 악화시켰고, 그 때문에 관도에서 실책을 저질러 패배했다는 시각입니다.

사실 원소는 관도대전에서 승리가 거의 확실시된 상황이었습니다. 힘의 차이부터 컸습니다. 조조군의 두 배나 되는 병력을 이끌고 출진(出進)했죠. 그런데도 오소(烏巢)가 불타기 전까지 군량이 부족했다는 언급은 어디에도 없었습니다. 보급까지 원활했다는 이야기입니다. 의대조(衣帶詔) 사건의 생존자인 유비를 영입하며 명분도 손에 쥐었습니다. 힘에서도, 명분에서도 밀린 조조는 순욱(荀彧)과 허도(許都)로의 귀환을 의논했을 정도로 궁핍했습니다.

그런데도 원소는 끝내 패배했습니다. 전쟁 막바지, 두 가지 실책을 저질렀기 때문입니다. 하나는 군 기밀을 쥐고 있는 허유(許攸)와 허유의 가족을 홀대 혹은 박대해, 허유가 도망치지 않을 수 없게끔 몰아붙인 것. 또 하나는 오소가 습격당했을 때, 주력군을 오소 대신 본영이 있던 관도에 보냈던 것입니다.

전자는 원소의 인용술과 관련된 부분입니다. 원소는 아랫사람의 갈등 및 충성 경쟁을 조장해 자신의 권력과 권위를 공고히 했습니다. 이유야 어떻든 간에 본인의 잘못입니다. 하지만 더욱 결정적인 실책은 후자였습니다. 후자의 실책은 그때까지 성과를 거뒀던 지구전 전략을 버리고, 속공 전략을 택한 데서 나왔습니다.

원소는 확실하지 않으면 나서지 않는 사람이었습니다. 일단 부딪히고 보는 조조와는 달랐습니다. 이는 군량 문제에서도 확연히 드러납니다. 조조는 정벌 당시 군량 부족의 문제에 자주 시달렸지만, 원소는 하북의 네 개 주를 평정하는 동안 보급으로 곤란했던 적이 없습니다.

군량 보급에서 확실한 상황을 만들어놓는 데는 시간이 걸리기 마련입니다. 그리고 원소는 시간과의 싸움에 강했습니다. 6년 가까운 시기를 갈아 넣어 청계의 중심이 되었고, 십상시를 제거할 때는 흑산적(黑山賊)의 소행을 주작하면서까지 군벌을 불러 모을 명목상의 이유를 만들었습니다. 한참을 공들였던 이간질과 여론 조작으로 기주(冀州)의 지배자가 되기도 했고, 난공불락으로 여겨졌던 공손찬(公孫瓚)의 역경루 공성도, 4년 동안 차근차근 진행해 성공했습니다.

그런데 관도대전 막바지에는 갑작스레 속공으로 태세를 바꿉니다. 개전 8개월 만의 일입니다. 조금만 생각해 보아도 이상한 일입니다. 그렇게 쉽게 함락될 관도였다면 진작 함락되었을 테니까요. 원소의 평소 성향과도 다릅니다. 그렇다면 원소는 왜 갑자기 조바심을 냈을까요?

"전쟁의 신 그 자체"라 불렸던 나폴레옹 보나파르트는 워털루 전쟁 당시 건강이 상당히 악화된 상태였습니다. 전투 도중 네 원수에게 지휘를 맡기고 막사로 돌아가 휴식을 취해야 했을 정도였죠. 고통이 너무나 심해 아편을 과다 복용했다가 반 혼수상태가 되었다고도 합니다. 제아무리 전쟁 천재여도, 그런 몸으로는 군을 지휘할 수 없습니다. 나폴레옹은 결국 전쟁에서 패하며 몰락합니다.

원소 역시 그랬을지도 모릅니다. 언급한 이유 등으로 몸 상태가 좋지 못해 전황을 오판한 것이죠. 혹은, 자신의 건강이 예전 같지 않다는 생각에 성급해졌을 수도 있고요. 어떻게든 생전에 조조를 잡아야 한다는 압박감이 생겼다면, 조바심도 이해가 갑니다.

만약 원소가 여러 가지 건강 문제 관리를 잘해서, 매우 건강한 상태로 지냈거나, 현대 의학의 도움으로 죽음의 고비를 무사히 넘겼다면 역사는 어떠한 방향으로 흘러갔을까요?

원소가 더 오래 살았더라면?

대부분의 삼국지 관련 매체에서는 조조의 하북 평정을 간략하게만 그립니다. 패배한 원소가 화병으로 죽고, 조조는 하북을 꿀꺽했다 정도로요. 조조 중심의 매체라면 오환(烏桓) 정벌을 추가로 넣어주고요.

그런데 일은 그렇게 간단하지 않았습니다.

지도상으로만 보면 원소와 조조의 세력이 비슷해 보이지만, 삼보(三輔)의 난이나 서주대학살 등의 전란이 끊이지 않았던 조조의 영토에 비해 원소의 영토는 비옥하고 풍요로웠습니다.

관도대전은 200년 2월 원소가 조조를 침공한 데서 시작해, 10월 조조가 원소의 침공을 막고 원소를 쫓아낸 데서 끝납니다. 원소는 202년 6월(음력 5월 21일)에야 사망했지만, 조조는 바로 하북을 차지하지는 못했습니다.

203년 4월, 원소의 후계자였던 원상(袁尙)은 조조를 역으로 공격하여 패퇴시켰습니다. 조조는 허도로 귀환해야 했죠. 원상은 당시

10대 중반으로 추정됩니다. 고작해야 10대 중반의 소년이 당대 최고의 전략가 중 하나였던 조조를 상대로 승리를 거뒀다는 이야기입니다.

마침 조조가 물러나자, 원소의 두 아들이었던 원담(袁譚)과 원상이 후계자 다툼을 벌입니다. 조조는 장자 원담과 손을 잡고, 원씨 세력의 본거지였던 업성(鄴城) 공략에 나섭니다. 업성은 204년 8월이 되어서야 함락됩니다. 조조는 이어 205년 1월에는 원담과의 전투에서 승리, 남피(南皮: 오늘날 허베이성 창저우시의 현)를 얻습니다.

원상은 만리장성 이북으로 도망쳤으나 포기하지는 않았습니다. 북방의 이민족이었던 오환족과 결탁해 반(反)조조 세력을 결성, 조조를 곤란하게 만들었죠. 수많은 기주와 유주(幽州)의 백성들이 원상을 따라갑니다. 조조를 상대로 한 반란도 끊이질 않았습니다. 하북에서 원씨 세력의 영향력을 짐작하게 만드는 대목입니다. 원소가 사실상 낙양에서 태어났다는 사실을 고려하면 더욱 놀랍습니다.

조조는 207년 8월, 북벌에 나서 오환을 정벌합니다. 그 후 9월, 마침내 원희(袁熙)와 원상의 수급을 받습니다.

여기서 잠시, 『삼국지』의 3대 대전을 살펴볼까요? 관도대전 말고도 두 개의 대전이 더 있습니다. 바로 '적벽대전(赤壁大戰)'과 '이릉대전(夷陵大戰)'입니다. 적벽대전은 조조의 침공을 손권과 유비의 연합이 막아낸 전쟁이고, 이릉대전은 유비의 침공을 손권이 막아낸 전쟁입니다.

적벽대전 후에도 조조는 사망하지 않습니다. 12년을 더 살았죠. 그동안 여러 차례의 반란을 진압했습니다. 그 후 조조의 정권은 안정을 되찾고, 통일의 초석을 마련할 수 있었습니다.

반면 이릉대전 후, 촉(蜀)은 영토뿐 아니라 수많은 인재와 병력을 잃었습니다. 유비는 손실을 복구할 틈도 없이, 패전 10개월 만에 죽고 맙니다. 다행스럽게도 제갈량은 내정에 강했고, 그 덕에 촉은 세력을 어느 정도 회복합니다. 물론 그럼에도 촉은 삼국 중 가장 약했고, 이 전력 차는 멸망 당시까지도 뒤집어지지 않습니다.

적벽대전과 이릉대전을 통해, 원소가 오래 살았다면 어땠을지 짐작해봅시다. 아마 초기에는 반란을 진압하느라 바빴을 것입니다. 실제로도 그랬고요. 하지만 어느 정도 반란이 진압되고 나면, 충분히 내정을 안정시켰겠죠. 적벽대전 후 조조가 그랬듯이 말이죠.

당대에는 하북 지역을 중심으로 도삭군(度朔君: 당나귀 정도 크기의 네발 달린 짐승으로 몸 전체가 하얗고 털이 매우 매끄럽다고 묘사되는 신령) 설화가 널리 퍼져 있었습니다. 조조의 후계자, 위문제 조비(魏文帝 曹丕)가 편집한 『열이전(列異傳)』에도 등장합니다. 도삭군은 원소를 상징하는 신으로, 백성에게 복을 준다고 알려져 있습니다.

그렇게 신으로까지 추앙받았던 원소입니다. 이릉대전의 패배와 유비의 죽음 이후에도 제갈량의 노력으로 촉도 삼국의 한 축이 될 만큼 힘을 키웠듯이, 원소 역시 세력을 어느 정도 회복하지 않았을까요? 유선(劉禪)이나 제갈량에 비해 상황이 나으면 나았지, 나쁘지는 않았을 테니 말입니다.

그뿐 아닙니다. 조조가 원씨 세력을 정벌할 수 있었던 결정적인 요인은 원담, 원상 형제의 후계자 다툼에 있었습니다. 하지만 원소가 조금 더 오래 살았다면, 원소가 후계자 원상을 위해 장자 원담을 어떤 방식으로든 제거하지 않았을까요?

원소는 진작부터 원담을 죽은 형의 양자로 입적시켰습니다. 원담 대신 원상을 후계자로 낙점했다는 뜻이었죠. 그러나 친족의 대부분이 이복동생이었던 원술을 따라갔기 때문에, 군사를 맡길 만한 사람이 없어 원담에게도 병력을 주어야 했습니다. 그럴 법도 한데, 피가 섞이지 않았음에도 믿고 맡겼던 조조는 원소로부터 독립해버렸거든요. 한 번 배신당한 원소였으니 다른 배신을 염두에 둘 수밖에 없었습니다. 하지만 원상이 연륜과 경륜을 얻을 만한 나이가 되면, 더는 원담이 필요하지 않습니다.

원소는 맹진항(孟津港)에서의 백성 도륙이나 호모반(胡母班) 살해, 한복(韓馥)의 자살 유도 등, 잔혹하고 냉혹한 계략을 자주 사용했습니다. 원담을 크게 총애했다는 기록도 없으니, 쫓아내거나 죽였을지도 모릅니다. 그렇다면 원상의 후계자 등극에는 장애물이 없었겠죠. 조조 역시 원씨 형제의 갈등을 발판으로 삼을 수 없고요.

심지어 원상은 어린 나이에 조조를 상대로 승리를 거뒀던 인물입니다. 잠재력은 충분했습니다. 그러니 경험을 쌓고 나면, 원소에 이어 훌륭한 통치자가 되지 않았을까 싶습니다.

유비는 반(反)조조의 기치를 내걸어 수많은 백성을 얻었으며, 이를 발판으로 영토까지 얻어 나라를 세웠습니다. 촉의 건국이념은 반조조이자 반위(反魏)에 있었습니다.

하지만 원소가 살아 있었다면, 원소가 이 역할을 대신할 수 있습니다. 조조 타도를 외치는 사람들은 유비 대신, 이미 검증된 데다 조조와 견줄 만한 세력을 지닌 원소에게 몰렸겠지요. 더군다나 원소 혹은 자질이 훌륭했던 원소의 후계자가 오롯이 건재한 이상, 조조는 쉽게 남하하지 못합니다. 그렇다면 적벽대전도 일어나지 않았겠지요. 유비가 부상할 기회는 더욱 없어지고 맙니다.

따라서 삼국은 삼국이되, 유비 없는 삼국시대, 즉 조조와 원소, 손권으로 이루어진 삼국시대를 추측해봅니다. 『삼국지』 팬들을 뜨겁게 달구는 적벽대전과 이릉대전이 없어서 조금은 심심했을지도 모르겠습니다만, 어쩌면 원소에 의해 더 멋진 대전들이 벌어지는 숨막히는 『삼국지』가 되었을지도 모르겠습니다.

02
오(吳)의 도독 여몽, 병으로 요절하다

담보된 꽃길을 불태운 가족성 위암

    동북아시아에서 관우(關羽)의 인기는 절대적이었습니다. 문(文)의 신(神)이 공자라면, 무(武)의 신은 관우라고 하죠. 비유만은 아닌데, 관우는 현재까지도 중국에서 숭배의 대상입니다. 사실, 당장 서울에도 선조 때 세워진 관우의 사당이 있습니다.

    그만한 인물이었으니 위나 오(吳)에 위협이 되지 않을 수가 없습니다. 그랬던 관우를 패하게 한 사람이 바로 여몽(呂蒙, 178~219년)입니다. 백성들에게 신으로까지 추앙받던 관우를 죽인 인물. 그러니 여몽이 얼마나 미움을 많이 받았을지 뻔합니다.

    여몽이 술을 받아 마시려다가 갑자기 술잔을 바닥에 던지더니 한 손으로 손권을 꽉 붙잡고 소리 높여 크게 욕하기를, "푸른 눈의 어린놈아! 붉은 수염 쥐새끼야! 아직도 나를 못 알아보겠느냐!" 했다.

장수들이 크게 놀라 급히 구하려는데, 여몽이 손권(孫權)을 밀어뜨리고, 큰 걸음으로 전진하여 손권의 자리 위에 앉아 두 눈썹을 치켜세우고 눈알을 부라리며 크게 꾸짖기를, "나는 황건적을 깨뜨린 이래 천하를 30년 동안 종횡하였다. 지금 네가 하루아침에 간계로써 나를 도모했으니 내가 살아서 너의 고기를 씹어 먹지 못하지만 죽어서라도 마땅히 여몽 도적놈의 혼을 뒤쫓겠다! 나는 바로 한수정후(漢壽亭侯) 관운장이다!" 했다.

손권이 크게 놀라서 황망히 높고 낮은 장수와 사병을 거느리고 모두 무릎을 꿇고 절을 올렸다.

그런데 보니 여몽이 바닥에 쓰러지며 몸의 일곱 구멍으로 피를 흘리며 죽었다. 장수들이 보더니 무서워 두려워하지 않는 이가 없었다. 손권이 여몽의 시신을 거두어 관을 갖춰 장사지내고 남군태수 잔릉후를 추증했다. 『연의』

『연의』에서는 그러한 미움, 혹은 미움을 넘어선 증오가 확연히 드러납니다. 관우 사후, 관우에게 빙의 되었다가 칠공분혈(七孔噴血)을 하며 죽은 것이죠. 칠공분혈이란 머리에 있는 일곱 개의 이목구비, 즉 눈구멍 두 개, 콧구멍 두 개, 귓구멍 두 개, 그리고 입에서 동시에 피를 뿜어내는 상태를 이릅니다. 상상해 보면 무서운 장면이 아닐 수 없습니다.

다소 안쓰러운 데도 있습니다. 관우를 제하고 보면, 각종 서사에서 자주 보이는 '성장형 캐릭터'의 전형이거든요. 비극적인 결말을 맞이한 주인공으로 활용해도 좋을 정도입니다.

여몽

성장형 영웅의 괄목상대

여몽은 가난한 집안의 소년 가장이었습니다. 출세를 위해 어머니의 반대에도 불구, 열다섯 살의 어린 나이에 누나의 남편인 등당(鄧當)의 밑에서 산적 토벌에 나섰습니다.

그러나 마냥 철이 들었다고 보기는 어렵습니다. 등당 휘하의 관리 한 명이 어느 날, 여몽을 어리다며 무시했습니다. 하루는 참았는데, 이틀은 참기 어려웠던 모양입니다. 이틀 연속으로 무시를 받자, 여몽은 자형의 관리를 죽입니다. 그나마 완전한 악한은 아니었는지, 도망갔던 여몽은 곧 자수합니다.

이 사건에 대해 알게 된 손책은 여몽을 비범하게 여겼답니다. 손책 본인의 불 같은 성정과 잘 맞았을지도 모릅니다. 여몽은 그렇게 손책의 측근이 되었고, 손책이 죽은 후에도 손권에게 중용 받습니다.

특히 황조(黃祖)와의 전투에서 큰 공을 세우는데, 이 황조가 손권에게는 불구대천의 원수였습니다. 아버지 손견(孫堅)이 황조와의 전투 중 황조의 병사에게 사망했거든요. 손권 입장에서는 아버지의 원수를 대신 갚아준 여몽이 안 예쁠 수가 없습니다.

예쁜 사람이 예쁜 짓만 골라 하기도 했습니다. 숱한 전공뿐 아닙니다. 외상까지 지면서 병사를 챙겼고, 사이가 좋지 않았던 능통(淩統)과 감녕(甘寧) 사이를 중재했죠. 심지어 사사로운 원한이 있던 채유(蔡遺)를 능력 하나만 보고 천거하기도 했습니다.

손권은 이런 여몽을 크게 키워주려 한 듯합니다. 하지만 그 전에, 큰 단점 하나를 고쳐야 했죠. 그 단점이란, 글을 제대로 깨우치지 못했다는 것입니다. 별명이 오하아몽(吳下阿蒙: 오나라의 멍청한 여몽)이었으니 말 다 했습니다. 가난했던 어린 시절 때문일지도 모르겠습니다.

손권은 여몽에게 책을 좀 읽으라고 권유합니다. 하지만 공부가 좋은 사람이 몇 명이나 있겠어요. 여몽은 "부대의 일로 바빠 공부할 여유가 없을 것 같다"고 에둘러 반항합니다.

그러자 손권은 일장연설을 합니다. 요약하자면 "바빠도 나만큼 바쁘겠냐? 나는 어릴 때부터 온갖 경전을 다 읽었다. 통치를 시작한 후에도 삼사와 병서까지 정독했다. 한의 광무제도 군대를 이끌고 다니면서도 항상 책을 읽었고, 조조도 늙도록 독서를 좋아했단다. 너도 성격이나 자질이 뛰어나니 공부하면 잘할 것이다." 뭐 이런 식이었습니다. 거기에 우선 읽어야 할 병서와 경전을 추천하기까지 했죠.

속된 말로 '꼰대'처럼 보입니다. 그래도 여몽은 깨달음을 얻었는지, 혹은 상사의 명령을 거절할 수 없었기 때문인지, 그날부터 열심히 공부합니다. 애초에 상사가 이렇게까지 충고해주는데 거절할 사람은 극히 드물겠죠.

그렇게 열심히 성장한 여몽은, 마침 만난 노숙(魯肅)에게 완전히 달라진 모습을 아낌없이 뽐냈습니다. 평소 여몽을 얕보았던 노숙은 "이제 와서 보니 학식이 넓고 밝다. 옛날 오하아몽이 아니다"며 놀라움을 표합니다. 그러자 여몽은 "선비와 헤어진 지 3일이 지나면, 눈을 비비고 마주해야 한다(士別三日 卽更刮目相待)"고 답합니다. 괄목상대(刮目相待: 다른 사람의 학식이나 재주가 깜짝 놀랄 만큼 늘었음을 의미)라는 고사성어가 여기에서 나왔습니다.

승승장구하던 여몽은 도독이었던 노숙 사후 그 뒤를 이었습니다. 하지만 노숙과는 외교 노선이 전혀 달랐는데요, 촉에 우호적이었던 노숙과 달리 여몽은 형주(荊州)의 일부를 차지한 촉과의 마찰을 피할 수 없으리라 여겼습니다.

서로의 입장 차이는 있겠지만, 손권에게 유비는 형주를 빌려 그 기반으로 익주(益州)까지 차지해놓고, 반환을 요청하자 "양주(涼州: 오늘날 서량으로 불리는 지역)를 차지하면 돌려주겠다"며 거절한, 믿을 수 없는 동맹이었습니다.

둘의 갈등은 조조의 한중(漢中) 정벌과 함께 일단락됩니다. 조조와의 싸움을 앞둔 유비가 한 발 물러서 상수 유역을 기점으로 오와 형주를 나눴거든요.

하지만 형주는 중원 진출에 있어서도, 양주(揚州: 강동 혹은 회남으로 불리는 지역) 방어에 있어서도 필수적인 지역이었습니다. 여몽은 이런 전략적 요충지를 믿을 수 없는 동맹인 유비에게 맡길 수 없다 판단했습니다.

관우 역시 손권의 혼담을 거절하는 등 손권을 무시하며 서로 간에 감정의 골을 더욱 깊게 만들었고요. 손권은 결국 촉 대신 위와 손을 잡아 관우를 토벌하자는 여몽의 제안을 따릅니다.

관우는 당시 조인(曹仁)이 수비하던 번성(樊城)을 공격하러 떠나 있었는데요, 여몽의 공격을 두려워해 공안(公安)과 남군(南郡)에 수비병을 잔뜩 남겨둔 상태였습니다. 이에 여몽은 병 치료를 위해 건업(建業)에 돌아간 척을 합니다. 후임으로 왔다는 육손(陸遜)은 관우에게 적극적으로 돕겠다는 편지를 보냈고, 관우는 육손을 믿고 대오 방비를 게을리하게 됩니다. 심지어 군량이 부족해지자 오의 양식을 빼앗기까지 하죠. 쳐들어가고 싶어 발만 동동 굴리던 손권에게 명분까지 준 셈입니다.

여몽은 때를 놓치지 않고 관우를 공격했습니다. 상당히 주도면밀하게 진행했던 이 공격은 끝내 성공해, 관우는 단 10여 명의 기병만을 데리고 도망가다 아들 관평(關平)과 함께 사로잡힙니다. 손권은 관우와 관평을 참수했습니다.

전형적인 영웅 서사입니다. 가난하고 다혈질이었던 소년가장이, 자기 개발을 멈추지 않으며 여러 활약을 펼친 끝에 국가의 2인자가 되고, 그렇게 당대 최강의 적을 물리쳤다는.

심지어 여몽이 확보한 장강 방어선은 오의 멸망 직전까지 견고했습니다. 멸망도 위의 뒤를 이은 진(秦)이 촉을 멸망시킨 후, 촉의 익주에서 진군한 덕분이죠. 장강 방어선이 뚫렸기 때문은 아니었습니다. 사실상 오의 기틀을 쌓았다고 해도 과언이 아닙니다.

이렇게 어마어마한 공을 세운 여몽에게는 꽃길만이 남아 있었습니다. 그래야만 했습니다. 하지만 여몽은 꽃길의 입구에서 죽고 맙니다. 관우가 죽은 것이 219년 12월입니다. 여몽도 219년에 사망했으니, 관우가 죽은 지 한 달도 되지 않아 세상을 떠난 것입니다.

물론 『연의』에서처럼 일곱 개의 구멍에서 피를 흘리며 죽지는 않았습니다. 이는 민간의 관우 신앙을 반영한 나관중의 각색으로 보입니다.

> 봉작이 채 내려지지도 않았는데, 여몽이 병에 걸렸다. 손권은 마침 공안에 있었는데, [여몽을] 맞아들여 내전에 두고, 치료함에 온갖 방법을 다 썼으며, 여몽의 병을 고칠 수 있는 자에게 천금을 내린다고 모집하였다.
>
> [여몽에게] 침을 쓰면 손권이 대신 아파했다. 또한, 여몽의 안색을 보고자 했으나, 여몽을 움직이게 할까 두려워 항상 벽을 뚫어

들여다보았다. 조금이라도 음식을 넘기는 것을 보면 기뻐하며 주위를 돌아보며 웃으며 말하고, 그러지 못하면 탄식하며 잠자리에 들지 못했다.

『정사』〈여몽전〉

관우의 원혼은 아니었다

꽃길만을 앞두고 사망한 드라마틱한 성장형 영웅, 여몽의 사망 원인은 과연 무엇일까요?

『연의』의 묘사는 너무 극단적입니다. 『정사』에서도 병에 걸려 앓다가 죽었다는 정도의 묘사만이 남아 있어서 그 원인을 정확히 밝혀내는 것은 쉽지 않습니다. 그래서 이 부분에서는 많은 의학적 추측과 약간의 상상력이 가미될 수밖에 없습니다.

그래도 한 가지 고려해볼 수 있는 것은 '전염병'에 의한 사망 가능성은 낮아 보인다는 것입니다. 보통 전염병에 의한 사망이라면 역사적으로도 그 시점에 많은 사람들이 비슷한 증상으로 죽었다는 이야기가 언급되거나, 왕족이나 귀족들 사이에서도 상대적으로 체력이 약한 사람들(노인이나 여성, 어린이 등)이 사망하는 일들이 동시다발적으로 발생할 가능성이 높습니다. 이를테면 217~218년에는 노숙과 사마랑(司馬朗), 서간(徐幹), 왕찬(王粲), 유정(劉禎), 응창(應瑒), 악진(樂進) 및 (아마도) 능통(凌統) 등 많은 사람이 전염병 혹은 그 후유증으로 사망했으며, 그 기록이 분명합니다. 반면 여몽의 죽음과 관련해서는 이와 같은 서술이 남아 있지는 않습니다. 게다가 감염성 질환 특유의 발열과 같은 증상에 대한 묘사도 없는 상태죠. 더군다나 전염병이라면 손권이 여몽을 찾아가지도 못했겠죠.

부상에 대한 언급도 없으므로 전투 중 발생한 부상의 후유증으로 인한 사망 가능성 역시 떨어지겠습니다(손견 같은 경우는 부상으로 사망했다는 인과관계가 명확히 서술되어 있습니다). 또한, 독감이나 심한 감기 같은 질환으로 사망했다면 이에 대한 고전적인 용어인 '한질(寒疾)'이라는 표현이 들어갔을 텐데, 『정사』의 기술에 이러한 단어 사용도 없는 것을 볼 때 이런 질환에 의한 사망 가능성도 낮을 것으로 생각됩니다.

『연의』와 사서 내용을 바탕으로 여러 가지 질환들을 배제하고 나서 여몽의 사망 원인을 다시 한번 고민해보면, '여몽은 암으로 사망한 것은 아닐까?'라는 추측을 하게 됩니다.

40대 남자, 그것도 무장으로서 활약하던 건장한 남성이 단기간에 급속도로 쇠약해지며 사망에 이를 수 있는 병이라면 '암(癌, Cancer)'을 고려해보지 않을 수 없기 때문입니다. 게다가 고대 중국이라는 시대적 한계로 인해 제대로 진단하거나 치료하지 못한 경우라는 것을 생각해보면 더욱 더 고려해볼 만한 질환이죠.

여몽의 사망 원인이 명확하게 규명되어 확실한 병명으로서 잘 알려져 있었다면 『연의』의 작가인 나관중 역시 '관우의 원혼'으로 인한 사망이라는 전설을 가져다 붙이기 어려웠을 것입니다. 그러나 당시에는 정확히 진단하기 어렵고, 치료는 더더욱 힘든 질환으로 인해 쇠약해지다 사망했기에 위와 같은 전설을 붙여도 독자들이 납득할 만한 내용이 되는 것이죠.

암은 악성 종양(惡性腫瘍, malignant tumor or malignant neoplasm) 혹은 악성 신생물(惡性新生物)이라고도 합니다. 그리고 비정상 세포가 끊임없이 증식하여 주위 조직으로 침범하고 처음 발생한 곳과 멀리 떨어진 신체 부위로도 전이(metastasis)하는 것을 특징으로 합니다. 양성 종양의 경우에는 침범이나 전이 증상을 보이지 않습니다.[1]

정상세포라면 어느 정도의 시간이 지나면 스스로 사멸해야 하지만, 암세포는 지속적으로 분열하고 증식하여 종국에는 신체의 기능을 망가뜨리고 환자를 죽음에 이르게 만듭니다. 암이 존재하고 침범한 부위에 따라 다양한 증상(기침, 출혈, 몸무게 감소, 위장의 운동기능 변화 등)이 나타날 수 있으며, 현재까지 알려진 암의 종류만 해도 대략 100가지가 넘습니다.

암은 현대에 들어와서 잘 알려지고 발생이 더 늘어난 것으로 생각되곤 하지만, 4백만 년 전에 살았던 호모 에렉투스에게서도 악성 종양이 있었을 만큼 아주 오래전부터 인류와 함께 존재해왔으며, 역사적으로는 기원전 3천 년경에 만들어진 이집트 미라에서도 암세포의 증거가 발견된 바가 있습니다.[2]

고대 중국의 주왕조 시대(기원전 1100년~기원전 400년)에도 암으로 의심되는 '부어오르고 궤양이 발생하는 병변'에 대해 특화된 치료를 하는 방법이 알려져 있었다고 합니다(『주례(周禮)』의 내용 중 일부).

그러므로 삼국시대에 살았던 여몽이 '암'에 걸려 사망하는 것은 사망 원인으로 개연성이 없지 않다고 생각할 수 있습니다.

소리 없는 암살자, 가족성 위암

그렇다면, 다양한 암 중에서도 여몽은 어떤 암으로 사망했을까요? 고대의 의학 수준을 고려해볼 때, 피부암이나 유방암과 같이 겉으로 병변이 보이지 않는 경우에는 암을 진단하기 어려웠을 것입니다.

고대 그리스의 히포크라테스의 경우에는 유방암 환자의 병변이 게의 등껍질처럼 딱딱해진 것을 보고 '캉케르(Cancer: 게를 의미하는 라틴어)'라는 용어를 붙었으며, 고대 로마 시대의 갈레노스 역시 외부로 보이는 암 주위로 혈관이 늘어나서 부어 있는 모습을 보고 '옹코스(ὄγκος: 덩어리를 의미하는 그리스어)'라고 불렀다고 합니다.

암이라는 한자의 기원도 '바위처럼 단단하다'는 뜻의 암(嵒)과 병질 녁(疒)을 합쳐서 만든 것이라고 알려져 있는데, 동서양을 막론하고 딱딱하게 변한 암 병변에 대한 언급이 나타난다는 것을 알 수 있습니다(암이라는 용어는 1181년 송나라 시대 의서인 『위제보서(衛濟寶書)』에 처음 등장합니다).[3]

고대 중국이란 시대 배경을 고려해도 여몽에게 신체 외부에서 관찰할 수 있는 암의 병변이 있었다면, 『정사』에도 그에 대한 내용이 어느 정도는 기술되었을 것입니다.

그렇다면 겉으로는 병변을 관찰할 수 없는, 내부 장기 혹은 혈액에 발생한 암이었을 가능성이 높아지는데, 여러 가지 상황을 고려해볼 때 수많은 암들 중에서 여몽에게 발생했을 가능성이 가장 높은 것은 위암(胃癌, Gastric cancer)이 아니었을까 하는 생각이 듭니다.

위암은 위의 점막에서 발생하고 시간이 지남에 따라 점막하층, 근육층, 장막하층, 그리고 장막층으로 침범합니다. 그리고 위 주변에 위치한 임파샘(림프선)을 따라서, 혹은 혈류에 의해 간, 폐, 뼈 등의 여러 부위로 전이될 수 있습니다. 신체 외부에서는 위암의 발생이나 전이를 관찰할 방법이 없는 것이죠.

위암에 걸렸을 때 나타나는 증상들은 상복부 불쾌감이나 상복부 통증, 소화불량, 복부의 팽만감, 식욕 부진 등이 있는데, 이는 위염이나 위궤양의 증상과도 비슷하고 사람들이 그저 '속이 안 좋다, 음식을 잘못 먹었나?'라는 정도의 생각으로 넘기기 쉬운 증상들이기도 합니다.

아마 여몽에게 이런 증상이 있었다 한들, 지속적인 전쟁 수행에 의한 스트레스와 편치 않은 잠자리와 질이 떨어지는 군량 등에 의해 발생하는 흔한 일로 넘겨지지 않았을까 싶습니다. 초기 위암의 증상이 특이하지 않았기에, 『정사』에서도 여몽이 쇠약해지고 있다거나 병중이라는 묘사가 뚜렷하게 언급되지 않았을 가능성이 높습니다.

사실 군대에서 보급되는 음식들은 보관성을 높이기 위해 염장이나 훈제를 한 육류나 생선이 많았을 것인데, 이러한 음식들은 위암 발생의 위험요인으로 알려져 있습니다.[4] 그리고 신선한 채소나 과일 등은 거의 섭취하지 못했을 테죠. 고정관념일 수도 있겠지만, 고대 군대의 회식이라면 불에 구운 고기와 술이 주로 등장했을 가능성이 높으니 더더욱 여몽의 위 건강은 위태로워졌을 것으로 예상됩니다.

현대에도 질산염 화합물(식품 처리제, 염장식품, 가공 육류, 훈제식품)과 고염 식품(염장 채소, 염장 생선), 불에 태운 음식, 술, 담배 등의 섭취는 위암의 위험도를 높일 수 있으며, 반대로 신선한 채소, 과일, 비타민 등을 적절히 섭취하는 것은 항암 효과가 있다고 알려져 있습니다.

또한, 위암의 발병 위험도를 높이는 원인 중 하나인 헬리코박터균(Helicobacter Pylori)에 감염되어 있었을 가능성도 있습니다. 이 균 자체는 5300년 전에 살았던 청동기 시대 미라에서 발견될 만큼 오래전부터 인류와 함께해 왔고,[5] 사람이 밀집한 환경 혹은 깨끗한 물이나 식료품을 공급받기 어려운 상황에서 감염 위험도가 상승하게 됩니다. 군대라고 하는 특수한 환경 속에서 지내던 여몽 역시 감염 위험도가 상당히 높았을 것이며, 여몽이 이 균에 감염되었다면 위암 발생 위험도가 3~6배는 상승하게 됩니다.

또 하나의 위험 인자로는 '유전 요인'을 고려해볼 수 있는데, 만약 여몽이 위암 발생 위험 유전자(Hereditary Diffuse Gastric Cancer)를 가지고 있었다면, 젊은 나이에 위암이 발생할 가능성이 매우 높아지게 됩니다.[6]

갑자기 유전 요인이 왜 나오나 싶으시겠지만, 여몽의 가족들을 살펴보면 유전성 위암이 있었던 게 아닌가 하는 의심을 갖게 됩니다. 왜냐하면 여몽의 아들들 역시 계속 이른 나이에 사망하는 모습을 보이기 때문입니다.

> 여패(呂霸)가 죽자 형인 여종(呂琮)이 후작을 이었고, 여종이 죽자 아우 여목(呂睦)이 뒤를 이었다. 『정사』〈여몽전〉

여몽의 아들들이 언제 죽었는지는 알 수 없으나, 사후 작위를 각자의 아들 대신 형제가 물려받았다는 기록을 보면 아들들이 마찬가지로 요절했다고 짐작할 수 있습니다.

이렇게 가족 전체가 원인이 확실하게 기술되지 않은 요인으로 이르게 사망했다면, 위암 발생 유전자가 있어서 여몽뿐만 아니라 그 아들들도 위암이 발생하고 빠르게 진행하여 사망했을 가능성을 고려해볼 수가 있습니다. 그 시대의 한계로 인해 위암을 제대로 진단하진 못했을 테니 원인 미상의 요절로 남게 되는 것이죠. 그리고 앞서 잠시 언급한 것처럼 여몽이 '소년 가장'이었다는 상황을 바탕으로 생각해보면 여몽의 아버지 역시 유전성 위암으로 이른 나이에 사망했을 가능성도 생각해볼 수 있겠습니다.

위암을 치료하지 않고 아주 오랫동안 방치하면 복부에 딱딱한 덩어리가 만져지거나 구토, 토혈 혹은 하혈, 체중의 감소, 빈혈, 그리고 복수에 의한 복부 팽만 등의 증상이 생길 수 있습니다. 이 상태까지 진행되면 현대 의학으로도 치료가 어렵고 예후가 아주 불량할 수밖에 없습니다.

만약 여몽이 관우와의 싸움을 마무리한 후 이러한 증상이 나타나기 시작했다면, 불과 한 달 정도의 시간 만에 쇠약해져서 잘 못 움직이고 음식을 삼키지 못하는 증상들이 나타나며 상당히 빠르게 사망에 이르게 되었을 것으로 보입니다.

여몽이 관우의 목을 벤 후 불과 한 달도 되지 않아 사망했다는 사실에만 집중하면 급사처럼 여겨질 수 있지만,『정사』를 조금 더 살펴보면 여몽의 건강이 관우 토벌에 나서기 전부터 조금씩 무너지기 시작했음을 암시하는 내용도 찾아볼 수 있습니다.

위암은 비특이적인 복부 불편감이나 소화 불량 정도로 시작합니다. 하지만 어느 정도 진행되면 이러한 증상들이 너무 잦아지는 데다, 전반적인 피로감이 심해지거나 몸무게 감소와 같은 전신 쇠약감이 나타나곤 합니다. 만약 여몽이 위암에 걸렸다면, 그런 변화를 몸소 체감했을 테고, 그렇게 건강에 대해 조금씩 불안감을 느끼기 시작했을 것입니다.

여몽은 관우를 취할 계획을 세우고 질병을 칭하여 건업으로 돌아왔는데 이때 우번(虞翻)이 의술에도 두루 정통하다는 이유를 들어 자신을 따르도록 할 것을 요청했다. 이 방법으로 우번을 풀어주

려고 한 것이다. 『정사』〈우번전〉

우번은 성정이 강직해 손권의 심기를 자주 거슬렀습니다. 이에 손권은 우번을 좌천시켜 단양(丹楊)으로 보냈습니다. 여몽은 이때 우번이 "의술에 정통하다"는 이유로 관우 토벌에 따르게 합니다. 『정사』의 저자 진수는 좌천되었던 우번을 다시 불러들이려던 의도라고 설명합니다.

우번은 『주역(周易)』(『역경』, 삼경(三經)의 하나로 동양에서 가장 오래된 경전)에 주석을 달 정도로 역학(易學)에 정통했습니다. 『주역』은 점, 즉 역학을 다루는 경전입니다.

당대에는 의학과 역학이 굉장히 밀접한 관계를 형성했습니다. 예컨대 『주역』의 원리는 중의학(中醫學)의 근본이 되는 가장 오래된 의학서 『황제내경(黃帝內經)』의 기초 이론이 되었고요.

수당(隋唐)의 저명한 한의학자이자 과학자, 도사였던 손사막(孫思邈)은 "역(易)을 모르고는 의학을 안다고 말하기 어렵다"고 했을 정도입니다. 그러니 『주역』에 통달한 우번 역시 의술을 잘 알고 있다 여겨지지 않았을까요? 『연의』에서는 주태(周泰)와 손책(孫策)이 부상당하자 화타(華佗)를 소개해주는 역할을 맡기도 했는데, 같은 궤로 보입니다.

우번의 이런 이력을 보면, 여몽이 건강 악화 탓에 나름 전문가로 알려진 우번의 도움을 받으려 했을 가능성도 충분해 보입니다. 어쩌면 관우도 첩자 등을 통해 여몽의 건강에 적신호가 켜졌다는 사실을 입수하고, 여몽의 질병으로 인한 사임을 의심하지 않았을지도 모르겠습니다.

현대 의학의 관점으로는 『주역』과 점술이 암환자의 진단과 치료에 도움이 될 수는 없겠으나, 우번이 『주역』에서 파생된 『황제내경』(작성시기가 대략 2,200여 년 전(기원전 475~기원전 221년) 전국시대로 추측됨)에 대해서도 공부를 했다면 그를 바탕으로 어느 정도의 대증치료를 시행하지 않았을까 추측됩니다.

『황제내경』에는 침이나 뜸과 같은 치료 방법에 대해서도 기술하고 있지만, 우선은 정신과 환경의 조화라든가, 적절한 영양 섭취를 통한 건강 유지에 대한 내용이 담겨 있다고 합니다. 그러므로 여몽에게 최대한 신선하고 깨끗한 음식, 혹은 지나치게 자극적이지 않은 음식을 권유했다면 그것만으로도 복부 불편감 등의 증상을 상당히 줄이는 데 도움이 되었을 가능성이 있습니다.

여몽이 21세기 한국에 살았다면, 주기적인 건강검진으로 위암을 조기에 발견하고, 일찍 치료받아 완치 후 건강한 삶을 지속할 수 있었을 것입니다. 이런 생각을 해보면 현대 의학이 『삼국지』 속에 개입했을 때 그 흐름을 바꾸었을지도 모를 가장 대표적인 사례가 '여몽'일지도 모르겠습니다.

여몽이 더 오래 살았더라면?

손권의 오(吳)는 한(漢)의 도읍이었던 낙양과는 멀리 떨어져 있습니다. 도읍과 거리가 먼 지역에서는 중앙정부의 힘이 통하지 않는 법입니다. 그래서 오나라 역시 호족의 세력이 강성했습니다. 통치자였던 손책이나 손권은 호족의 사병을 빌려야 했습니다.

오가 수비에 강하고, 공격에 약했던 이유를 여기서 찾기도 합니다. 누군가 쳐들어오면 열심히 맞서 싸우긴 했습니다. 어쨌든 땅도, 지위도 지켜야 했으니까요.

하지만 공격할 때는 아무래도 망설여지게 됩니다. 앞장서서 싸워봤자 자신의 귀한 인력만 소모될 뿐이니까요.

주유(周瑜)와 노숙, 육손은 모두 이런 호족 출신이었습니다. 손책과의 관계 때문인지, 본인의 성격 때문인지 상당히 호전적이었던 주유와는 별개로, 노숙과 육손은 촉과의 친화를 도모하던 인물이었습니다. 가문 혹은 주변 호족과의 관계가 영향을 미칠 수밖에 없지 않았을까요?

반면 여몽은 다릅니다. 여몽은 본래 한미한 집안 출신이었던 것을, 손책이 직접 발탁하고, 손권이 직접 키워낸 경우입니다. 진정한 손오만의 사람이라고 봐도 좋습니다.

그런 여몽이 도독이 되어 이끄는 손권군은 어땠을까요? 가문이나 호족의 눈치를 살피지 않아도 좋으니, 공격에서도 몸을 사리지 않앉을 것입니다. 그러니 어느 정도 재미를 봤을 수도 있겠습니다. 어쩌면 이릉대전 후 기회를 놓치지 않고 촉을 함락했을지도 모르고요. 비옥하고 부유했던 익주를 차지한 오라면 위와도 견줄 만하게 되었을지도요. 조비의 남정(南征)이 무서워 촉과 화친을 맺었다 해도, 언제든 호시탐탐 기회를 노렸을 테니까요.

그렇지 않았더라도, '이궁(二宮)의 변'(손권의 후계자 자리를 두고 태자 손화와 노왕 손패를 지지하는 무리들이 대립하게 된 사건) 같은 사태를 막았을 수도 있겠습니다. 호족인 육손 대신 여몽이 중심을 잡아줬다면 손권도 이궁의 변을 일으킬 필요성을 느끼지 못했을 수도 있습니다. 그렇게 되었다면 이릉대전 후 국력이 휘청거렸던 촉이나, 사마씨의 대두를 막지 못했던 위와는 달리 안정적인 통치가 가능했을지도 모릅니다.

03
위(魏)의 삼공 종요, 말문이 막히다

48세 연하녀와의 만남은 실어증을 낳고

　모종강은 "천하대세는 나누어짐이 오래되면 반드시 합쳐지고, 합침이 오래되면 반드시 나누어진다"는 문장으로 『연의』의 판본을 시작합니다. 그리고 시작에 걸맞게 『연의』는 솥발처럼 나뉘어졌던 천하가 서로 창칼을 맞대고 힘을 겨루다 마침내 다시 하나로 통일되는 과정을 그립니다.

　그러니 서사의 중심은 자연스레 전투와 전쟁에 있을 수밖에 없습니다. 정말 간단히 요약하자면, 후한 말의 영웅들이 땅따먹기 하는 이야기지요.

　반대로, 전투 외적인 부분은 잘 다뤄지지 않습니다. 손권 말년의 가장 큰 사건, '이궁의 변'마저 생략되었을 정도입니다. 나름 주역으로 여겨지는 제갈량 역시 '이릉대전' 후 거의 망할 뻔했던 촉의 국력을 끌어 올린 공은 대폭 축소되고, 전투 중 천재 책략가로서의 모습만 강조됩니다.

그 외의 분야에서는 아무리 활약해도 대접이 박했습니다. 종요(鍾繇, 151년~230년)도 그렇게 『연의』의 대표적인 피해자가 되었습니다. 공은 대폭 축소된 채, 마초(馬超)에게 장안성(長安城)을 빼앗기는 정도로만 나오죠.

종요

하지만 실제의 종요는 대단한 인물이었습니다. 특히 말솜씨가 뛰어났는지 설득의 귀재가 아니었나 싶은 모습을 자주 보였습니다.

설득의 귀재

동탁 휘하 출신의 군벌인 이각(李傕), 곽사(郭汜)의 통치 당시 종요는 관직 생활을 하고 있었습니다. 연주(兗州: 후한 13주 중의 하나로 현재의 산둥성 서남부와 허난성 동부)의 실질적인 통치자가 되었던 조조는 황제에게 표를 올려 연주목의 자리를 인정받고자 했는데요, 이각과 곽사는 조조의 사자를 억류하며 이를 거절합니다.

이때 종요가 이각과 곽사를 설득해 조조를 연주목에 임명하게 합니다. 조조는 그 덕에 연주에 대한 권리를 합법적으로 획득할 수 있었습니다.

얼마 지나지 않아 헌제(후한의 마지막 황제)가 이각과 곽사의 손아귀에서 탈출합니다. 종요의 계략이 주요했다고도 합니다. 종요는 이 공으로 사태가 일단락된 후 열후(列侯)에 봉해집니다.

가까스로 탈출했지만 갈 곳을 잃은 헌제는 모두가 알다시피 조조가 주워옵니다. 그렇게 협천자(협천자령제후(挾天子令諸侯): 천자를 끼고 제후들을 호령하다)에 성공했음에도, 조조는 마음을 놓을 수 없었습니다. 동서남북으로 쟁쟁한 적이 포진해 있었기 때문입니다.

그 와중에 양주의 군벌 마등(馬騰)과 한수(韓遂)가 서로 싸우게 되는데요, 조조는 원래는 의형제였던 둘이 싸우다 말고 갑자기 중원으로 들이닥칠까 염려합니다. 이에 종요에게 '법률과 제도를 따르지 않아도 되니까 관중의 군벌을 관리하라'고 하죠.

종요는 이 파격적인 권한을 사용하지 않습니다. 대신, 마등과 한수에게 편지 한 통을 보냅니다. 무슨 내용인지는 모르겠지만, 마등과 한수는 종요에게 설득됩니다. 근거지로 귀환했을 뿐 아니라 아들을 중앙으로 보내 벼슬을 하도록 했거든요. 말이 벼슬이지, 실제로는 자발적인 인질이었지요.

관도대전 후, 원상이 원소의 뒤를 이었습니다. 원상의 부하 곽원이 원소의 조카 고간(高幹), 흉노의 선우(單于: 흉노제국의 황제를 가리킵니다) 호주천(呼廚泉)과 손을 잡아 하동 일대를 침략했습니다. 상당한 위협이 되었는지, 대다수의 관리가 하동을 버리고 떠나고자 했습니다. 하지만 종요는 사람들을 설득해 남아 싸우게 만듭니다.

당시 마등은 원상과 화친을 맺고 있었는데요, 종요는 장기를 보내 마등을 설득, 회유하는 데 성공합니다. 마등은 원상을 배신, 아들 마초를 시켜 곽원(郭援)을 공격했고요, 곽원은 마초의 부장 방덕(龐德)과 싸우다 죽습니다. 훗날 관우와의 전투에서 전사한 그 방덕 맞습니다.

청나라 시기에 발간된 『연의』에 실린 마초의 그림. 마등의 장남인 마초는 훗날 촉한으로 망명하여 표기장군(대장군 다음가는 무관직)에 이릅니다.

전투가 끝난 후, 방덕이 곽원의 수급을 베어 보여주자 종요가 통곡을 시작합니다. 곽원은 사실 종요의 조카였기 때문이죠. 방덕은 졸지에 종요에게 사과합니다. 종요는 이에 "곽원은 내 조카지만 국가의 적이니, 경이 사과할 필요는 없다"고 답합니다.

그러면 왜 말해서 방덕만 무안하게 만들었나 싶지만, 어쨌든 그만큼 공과 사를 잘 구분했다고 할 수 있겠습니다.

종요는 그 후 백성을 설득해 쑥대밭이 되었던 낙양 일대로 이주시키고, 도시를 재건합니다.

위나라가 처음 건국했을 때 종요는 대리로 임명되었다가 나중에 상국이 되었다. 위문제 조비가 태자였을 때 종요에게 오숙부(五熟

釜)라는 가마솥을 하사했다. 그 솥에는 이러한 글귀를 새겼다.

위나라를 밝히고, 한의 울타리가 된다네. 재상으로서 종요를 생각하면 심장을 지키는 등뼈와 같다. 밤낮으로 최선을 다해 일을 하니, 편안히 쉴 곳도 없구나. 모든 관리들의 스승이 되었으니, 본보기로 삼을 사람은 이뿐이로구나!

당시에 종요는 사도 화흠(華歆), 사공 왕랑(王朗)과 함께 선대의 명신으로 각광받았다. 조회를 마친 문제는 좌우의 신하들에게 이렇게 말했다. "이들 삼공은 당대의 위대한 인물들이다. 후세에 또 이와 같은 인물들이 이어지기는 어려울 것이다."

『정사』〈종요전〉

뛰어난 설득력과 내정 능력이 합쳐지니, 명재상이 되는 것은 당연했습니다. 조비가 종요를 "모든 관리의 스승이자 본보기"라 치하했을 정도입니다. 종요와 화흠, 왕랑 세 명으로 이루어진 재상 라인업에 뿌듯함을 감추지 못하기도 했죠. 이런 라인업은 다시는 보지 못할 것이라고요.

종요의 위업은 그뿐 아닙니다. 특히 서예사(書藝史)에서는 큰 족적을 남겼습니다. 오늘날 정자체로 알려진 해서체를 확립했거든요(소해(小楷: 작고 깔끔하게 쓰는 해서체)의 창안자). 서예가의 성인, 왕희지가 존경하던 사람입니다.

> 杜稿鍾隷 漆書壁經(두고종예 칠서벽경)

한문 습자교본, 『천자문』의 한 구절입니다. "두조의 초서와 종요의 예서가 있고, 옻칠로 쓴 벽 속의 경전이 있다"는 뜻입니다. 서예에서 종요의 위치를 짐작하게 만드는 부분입니다.

실어증은 어떻게 종요의 혀를 묶었나

이렇게 다재다능하고 완벽했던 종요가 말년에 큰 사고를 칩니다. 첩 장창포(張昌蒲: 창포는 '자'로, 이름은 전해지지 않습니다)에게 빠져 정실, 혹은 정실 역할을 하던 손씨와 이혼한 것입니다. 심지어 장창포는 종요보다 무려 48세나 어렸어요. 네, 48세가 아닙니다. 48세가 어렸습니다.

이유가 없지는 않았습니다. 손씨는 장창포가 임신했을 때, 이를 시기해 독약을 먹이려 들었거든요. 장창포는 무언가 이상함을 감지하고 토해냈지만, 그 후로도 며칠 정도 어지럽고 눈앞이 깜깜했답니다(이것은 과연 무슨 약이었을지 의사로서 궁금하긴 합니다).

누군가 왜 종요에게 말하지 않았냐고 묻자, 장창포는 "남편이 나를 믿는다 한들 누가 증인이 되어주겠습니까? 하지만 부인은 제가 남편에게 고하리라 예상하고 있을 터, 그 전에 먼저 설명하려 들 것입니다. 이로 말미암아 발각된다면 유쾌하지 않겠습니까?"라 답했습니다. 보통 여자가 아니었던 모양입니다.

장창포의 예상대로 손씨는 종요에게 "아들을 낳는 약을 줬는데, 도리어 독이 되었습니다"라며 스스로를 변명합니다.

종요는 "그렇게 좋은 약을 몰래 넣을 리 없다"며 사건에 대해 취조해 사실을 밝혀냅니다. 손씨는 이 때문에 쫓겨났고요.

물론 이런 자세한 사정을 사람들이 알 리 없죠. 세간에서 보기에는 그저 70대 고위 관리가 48세 연하의 첩에게 홀려 정실을 쫓아낸 모양새였습니다.

> 종회(鍾會)의 모친은 종요의 총애를 받았다. 종요가 그녀를 위해 정실부인을 내보냈다. 변 태후가 이에 대해 말했기에, 문제 조비가 조서를 내려 종요에게 부인을 다시 거두도록 했다. 종요는 극도로 분노해 짐독을 먹고 자살하려 했으나 실패했고, 산초를 먹어 말을 할 수 없는 지경에 이르렀다. 황제는 마침내 명을 거뒀다.
>
> 『위씨춘추』

당시 태후였던 무선황후(武宣皇后: 조조의 정실부인) 변씨(卞氏)가 특히 분노해 아들 조비를 시켜 이혼을 말리려 합니다. 동생들에게만 가혹했을 뿐 어머니에게는 효자였던 조비는 종요에게 쫓아낸 정실부인과의 재결합을 명령했습니다.

　　종요는 평소처럼 조비를 설득하려 하는 대신, 극도로 분노해 짐독(鴆毒)을 먹고 자살을 시도합니다. 하지만 이 기도는 무위로 돌아가고(수많은 왕후장상을 죽음으로 몰아간 짐독이 종요에겐 안 들었던 것도 신기합니다), 그 대신 산초를 많이 먹어 말을 못 하게 되었답니다. 조비도 결국 명을 거뒀지요. 결과적으로 보면 조비를 설득하기는 한 것도 같고요.

　　종요는 그렇게 귀하게 지켜낸 장창포와의 관계에서 아들을 얻었으니, 무려 74세의 나이였습니다.[1] 그 아들이 바로 『삼국지』 후반부의 주역 중 한 명인 종회입니다.

　　그렇다면 이 이야기 속에서 종요가 경험한 실어증의 원인은 과연 무엇일까요? 사서의 기록들을 바탕으로 몇 가지 가능성 있는 진단들을 살펴보고자 합니다.

(1) 산초(山椒) 열매 다량 섭취 후 발생한 국소지각 마비(혀와 입 안)의 발생과 이로 인한 발음 장애를 실어증으로 오인?

　　산초 열매는 예전부터 산초 기름을 만드는 원료로 쓰고 식용 또는 약용으로 활용해왔습니다. 『동의보감』에서는 진초(秦椒, 분지)라고 하며, 그 유래와 효능을 다음과 같이 설명하고 있습니다.

　　진나라 땅에서 나기 때문에 진초라고 한다. 사천성에서 나는 것을 촉초(蜀椒), 천초(川椒)라 하고(초피나무를 의미함), 관중, 협서에서 나는 것을 진초(秦椒)라고 한다. 효능은 따뜻하며(溫) 맛은 맵고(辛), 독이 있다. 문둥병으로 감각이 아주 없는 것을 낫게 하며 이빨을 든든하게 하고 머리털을 빠지지 않게 한다. 눈을 밝게 하고 냉으로 오는 복통과 이질을 낫게 한다.

『동의보감』의 내용을 살펴보면, 일종의 살균(항균) 작용이 있어 보이며, 감각 신경에 영향을 주고, 소화기관의 운동에도 영향을 주는 것으로 보입니다.

산초나무는 영어로 '치통나무(toothache tree)'라고 불리기도 하는데, 산초 열매껍질을 씹으면 산시올(sanshol, $C_{16}H_{27}ON$)이라는 성분에 의해 치통을 완화하는 작용이 있다고 합니다.[2] 산초에 의한 국소마취 작용이 나타날 수 있는 것이죠.

종요가 짐독 섭취로 인한 자살 시도 실패 후에 산초를 먹기로 결심한 이유를 정확히 추측하긴 어렵지만, 산초가 어느 정도 독성이 있다고 알려져 있고 당시 종요의 집에 향신료 겸 마련해 놓은 산초 열매가 많았을 수도 있겠습니다. 어쨌든 종요는 산초 열매를 잔뜩 집어먹고 이로 인해 사망에 이르진 않았으나 입 주위와 구강 내(혀, 구강 내 점막, 잇몸 등)에 국소마취 작용이 발생했을 가능성이 있습니다.

치과 치료 등으로 구강 내 국소마취를 해보신 분들이라면 잘 아시겠지만, 입안의 감각이 떨어지면서 발음도 굉장히 어눌해지게 됩니다. 이러한 산초의 부작용으로 종요도 말을 하는 데 어려움을 느꼈을 수도 있고, 말을 하기 힘들어진 김에 그냥 말을 못 하는 상태라고 외부에 알리고 두문불출했던 것일지도 모릅니다.

(2) 산초는 별 효과 없었는데, 고령의 나이(이에 더해 기저질환)와 스트레스 등으로 인해 브로카 영역(Broca area)에 뇌경색이 발생하여 '운동성 언어마비(motor aphasia)'를 보였을 가능성

실어증 사건이 발생했을 당시 종요는 70대로 이미 매우 고령이었으며, 고대의 시대적 한계로 인해 고혈압이나 당뇨 등의 기저질환이 있었다 해도 진단이나 치료를 하지 못하고 지냈을 것입니다. 이러한 상태에서 스트레스를 잔뜩 받은 종요에게 갑자기 뇌경색이 발생했다고 해도 이상하지 않다고 생각됩니다.

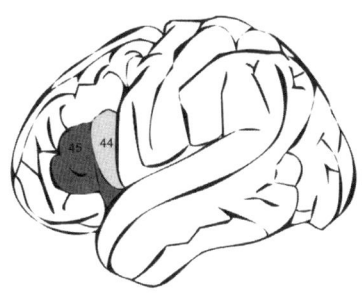

브로카 영역(옅은 회색(44)과 짙은 회색(45) 부분을 합친 영역). 전두엽에 위치하고 있으며, 이곳에 손상이 발생하면 운동성 실어증(Motor aphasia 운동 영역 손상에 의한 실어증으로, 감각영역은 정상이므로 타인의 말은 이해하지만 자신의 뜻을 표현하지는 못함)이 발생합니다.

뇌경색으로 인해 다양한 증상이 발생할 수 있지만, 종요처럼 '말을 못하는' 증상이 일어나는 것은 운동성 실어증의 증상으로, 이는 뇌의 브로카 영역에 손상이 발생할 경우에 나타날 수 있습니다.

물론 아래 그림과 같이 실어증의 종류는 다양하지만, 고대의 의학 수준을 고려할 때, 이해력이 떨어지는 것이 주증상인 유창성 실어증 양상이 보였다면 '말을 못 하게 되었다'라고 표현하기보다는 종요가 '노망이 났다'거나 '미쳐버렸다'와 같은 기술을 남기지 않았을까 싶습니다. 그리고 우리가 생각하는 전형적인 뇌경색 증상인 팔다리 마비와 같은 증상이 동반되었다면, 사서에 '중풍' 혹은 '수족마비'라는 단어가 등장했을 수도 있고요.

뇌경색에 의한 운동성 실어증도 재활을 꾸준히 하면 서서히 회

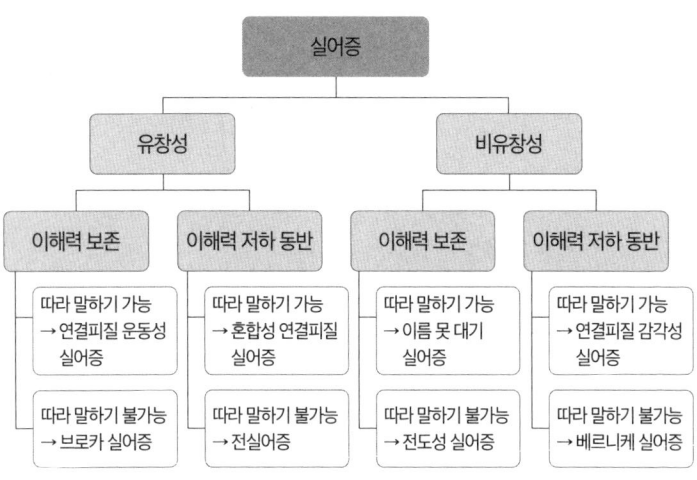

증상에 따른 실어증의 종류

복될 수 있습니다. 사서 속의 종요는 실어증을 앓았다가 이후에 완벽히 회복된 것처럼 묘사되는데, 처음 뇌손상의 범위가 비교적 크지 않았고 본인과 가족이 언어 능력을 되찾기 위해 열심히 노력을 한 결과 좋아진 것일 수도 있습니다.

(3) 극심한 정신적 스트레스로 인해 말을 하지 못하게 되는 심인성 실어증

말을 할 수 없는 원인에는 앞서 언급한 뇌손상에 의한 실어증도 있지만, 커다란 심리적 충격에 의해 말을 못 하게 되는 경우도 존재합니다. 이러한 경우에는 정신과적으로 진단명을 '전환장애(conversion disorder)'라고 붙일 수 있는데, 이 전환장애의 증상으로 실어증이 나타난 것으로 볼 수 있습니다.

전환장애란 '정신적인 에너지가 신체증상으로 변환되었다'는 의미에서 파생된 진단명이며, 심리적인 스트레스(갈등 욕구)로 인해 다양한 신체 증상(운동, 감각 증상 등)이 나타나지만 정밀 검사를 하여도 해부 생리학적인 기전으로 설명되지 않는 경우에 이 진단을 고려할 수 있습니다.

과거에는 히스테리신경증(Hysterie)으로 불리기도 했던 질환입니다. 사춘기나 성인 초기의 나이대와 여성에서 더 잘 발생한다고 알려져 있지만, 종요와 같은 고령의 남성에게서도 나타날 수 있습니다.

아마도 황제와 태후가 자기 집안 사람들 앞에서 자신의 권위를 손상시키고 참견을 한다는 사실과, 본인이 아끼는 장창포와 태아의 안위가 위태로울 수 있다는 상황이 커다란 스트레스 요인으로 작용하여 종요에게 실어증을 주증상으로 하는 전환장애를 일으킨 것은 아니었을까요? 그리고 이후 결국 황제가 종요의 재혼을 허락하고 가족들의 심리적 지지(여보, 아빠 힘내세요!)가 지속되자 전환장애에서 회복된 것일 수도 있습니다.

⑷ 혹은 꾀병? 말재주가 뛰어났기에 말을 잃은 것으로 조비와 태후에게 시위를 했던 것일지도….

얼핏 생각하면 전환장애와 비슷해 보이지만, 꾀병은 전환장애와는 다른 것입니다. 전환장애가 심리적 스트레스로 인해 육체적인 증상이 나타나는 정신과적 질환이라면, 꾀병(Malingering)은 환자가 '2차 이득(secondary gain)'을 얻기 위해 증상을 꾸며내는 것입니다. 예를 들면, 보험금을 타기 위해 혹은 처벌 등을 피하기 위해 병에 걸린 척하는 사람들이 이에 속합니다.

종요의 경우에는 손씨와의 이혼 및 장창포(와 태아)를 지키겠다는 확고한 목적이 있었기에, 실어증 증상 역시 꾀병이었을 가능성을 배제할 수 없습니다. 게다가 자신이 원하는 목적을 다 이루고 나서는 '말을 못 하는 증상'이 모두 회복된 것으로 미루어 볼 때, 황제에 대한 시위를 겸하여 실어증에 걸린 것처럼 꾸며낸 것일 수도 있지 않을까요?

실어증을 꾀병의 증상으로 택한 이유도, 꾸며내기 쉽다는 점에 더해 자신의 특기인 말을 잃는 것이 황제에게 가장 큰 심리적 압박을 주는 행위(말 잘하는 종요한테 일을 시켜야 하는데 말을 못 하다니!)기 때문이었을지도 모릅니다.

어느 쪽이든, 실어증이 오래 가지는 않았던 모양입니다. 조비 사후, 조예(曹叡)가 황제였을 때도 재상으로 남았으니까요. 만약 말을 못 하는 상태가 지속되었다면 재상 노릇을 계속했을 수 없지요.

이후 나이를 무색케 하는 왕성한 활동

오히려 기록을 보면 실어증보다는 관절염이 더 문제였던 것으로 보입니다. 그 때문에 대전에 오를 때 호분(胡賁)의 부축을 받았다고 합니다.

> 위명제(魏明帝) 조예가 즉위하자 정릉후로 봉해졌으며, 식읍 5백 호가 더해져서 전에 받은 것과 합쳐 모두 1,800호가 되었고, 태부로 승진했다. 종요는 무릎에 관절염을 앓았기 때문에, 황제를 배알할 때 자리에서 일어나기가 불편했다. 당시에 화흠도 나이가 많아 여러 가지 질병에 시달렸기 때문에, 조회를 하러 올 때마다

가마나 수레를 이용했으며, 대전에 오를 때는 호분이 부축해야
했다.

『정사』〈종요전〉

종요의 나이를 생각해보면, 아마도 무릎 관절에 퇴행성 골관절염이 발생했던 것 아닐까 싶습니다. 현대라면 무릎에 인공관절치환술을 받았을 수도 있겠지만(보존적으로 약물 사용이나 주사 치료도 있고요), 시대의 한계 상 무릎의 관절 통증을 최소화하기 위해 보행을 줄이는 것 외에는 뾰족한 수가 없었을 것으로 생각됩니다.

어쨌든 건강(언어능력)을 회복한 종요는 조예에게 사형제 폐지를 주장하는 상소를 올리기도 했습니다. 머리카락을 깎는 곤형(髡刑)이나, 발뒤꿈치를 절단하는 월형(刖刑) 등 신체를 손상시키는 육형(肉刑)으로 사형을 대신하자 주장하죠. (머리카락을 자르는 것이 고대 중국에서 큰 형벌이 되는 이유는 춘추전국시대에 쓰인 『효경(孝經)』에 나오는 '신체발부수지부모(身體髮膚受之父母)'라는 구절에서 그 기원을 찾을 수 있습니다. 머리카락조차도 함부로 상하게 하지 않는 것이 효의 시작인 것이죠. 이와 관련하여 『연의』 속 조조는 '머리카락을 잘라 자신의 목숨을 대신한다'는 뜻의 '이발대수(以髮代首)'라는 일화를 보여준 적도 있습니다.)

사형제 폐지는 조조 때부터 밀어왔던 종요의 숙원 사업이나 다름없었습니다. 이렇게 보면 인권운동가 같지만, 그보다는 난세로 인한 인구 감소를 걱정했던 모양입니다. 발이 잘려도 아이는 낳을 수 있으니, 사형보다는 월형을 하자 주장했거든요.

태화(太和) 연간에 종요는 이러한 상소를 올렸다.

(…) 범법행위를 자주 저지르는 자로서 나이가 20세에서 45세 사이에 있는 경우는 발이 잘리더라도 자식을 낳아서 기를 수는 있습니다. 지금 천하의 인구는 효문제시대보다 적습니다. 계산을 해 보면 1년에 3천 명이 이러한 형벌을 받고 있습니다. 장창은 육형을 없애자 1년에 약 1만 명이 죽었습니다. 신이 바라는 대로 육형을 다시 부활시키면 연간 3천 명은 목숨을 건지게 됩니다.

『정사』〈종요전〉

조조는 종요의 말에 설득되기는 했지만, 전쟁 중이었기 때문에 결정을 보류합니다. 조비 역시 마찬가지였고요.

조예 역시 종요의 말에 어느 정도 설득될 뻔합니다. 하지만 혼자 결정하기에는 너무나 중대한 사안이었으므로, 삼공(三公)과 구경(九卿)에게 사형제 존속 혹은 폐지를 주제로 토론하라는 명을 내리죠. 공경을 상대로는 종요의 설득력이 효과를 보지 못했습니다. 사도 왕랑(王朗)이 위하력(일반인을 잠재적 범죄인으로 간주하고서, 공개 처형과 같이 두렵고 무서운 형벌로 위협함으로써 일반인을 범죄로부터 멀어지게 만드는 힘)을 근거로 반대했고, 공경 역시 왕랑에게 동의했거든요. 숙원을 푸는 데는 실패했지만, 왕성하게 정치 활동을 계속했음을 알 수 있습니다.

종요는 무려 79세의 나이에 사망합니다. 실어증 사건이 일어난 지는 수 해가 흐른 후였죠. 당시로서는 보기 드문 장수였습니다. 하지만 아들을 워낙 늦게 얻은 탓에, 종회는 6세의 나이에 아버지를 잃은 셈이 되었습니다.

여담으로 종요의 정력은 백성 사이에서도 유명했던 모양입니다. 기괴한 이야기 모음집인 『육씨이림(陸氏異林)』과 『세설신어(世說新語)』에는 종요가 어느 아름다운 귀부인의 혼령과 귀접(鬼接)했다는 일화가 실려 있습니다. 귀접이 가능했을 정도로 엄청난 정력의 소유자였다는 이야기가 되겠습니다. 70대에 아들을 보다니, 지금도 흔한 일이 아닌데, 당시에는 얼마나 신기했을까요?

04
위(魏)의 천자 조비, 머리카락도 목숨도 잃다

탈모도 서러운데 요절까지

『삼국지』의 주역 중 한 명으로 조조의 아들인 조비는 『연의』에서 단순한 역입니다. 헌제에게 선위를 강요해 제위에 오른, 위의 초대 황제. 거기에 후계자의 자리를 다투던 동생 조식(曹植)을 죽이려다가 시 짓는 솜씨에 말문이 막혀버린, 뭐 그런. 그 외에는 별다른 역할도 없지요.

하지만 2, 3차 매체에서는 다릅니다.

영화 〈황제의 반란〉이나 웹툰 〈삼국지톡〉 등에서는 악당이라 하기에도 애매한 수준의 지질한 역으로 나옵니다. 반면 어떤 매체에서는 유능한 군주로 그려지기도 합니다.

고이데 후미이코의 『삼국지 인물사전』과 그 영향을 받은 듯한 최훈의 웹툰 〈삼국전투기〉 등에서는 인격의 결함을 고려하더라도 무척이나 유능한 지도자로, 코에이테크모의 〈진삼국무쌍〉 게임 시리즈와 진모의 만화 『화봉요원』 등에서는 냉혹한 미남으로 나왔지요. 이학인의 조조 찬양 만화 『창천항로』에서는 진정한 간웅으로 나왔고요.

기타카타 겐조의 소설 『영웅삼국지』나 드라마 〈삼국〉 등에서는

조비

복합적인 캐릭터로 그려집니다. 그러더니 비교적 최근에 나온 중국의 드라마 〈대군사사마의지군사연맹〉에서는 1부의 진주인공이나 다름없는 등장인물로서, 그럴듯한 서사를 보여주었습니다. 기존의 단순하고, 평면적인 캐릭터는 일단 아닌 듯합니다.

매체에서 이렇게까지 밀어주는데도, 팬덤의 여론은 전반적으로 싸늘합니다. 최악의 인간성을 지닌 소인배로서, 잇따른 남정의 실패로 천하 통일의 기회를 놓쳐버린 황제로 보는 시각이 대부분입니다. 특히 이릉대전이라는 대형 호재에도 손권의 칭신(稱臣)에 넘어간 부분은 크게 비판을 받곤 합니다.

내치의 공이나 문학적 소양, 몇몇 훈훈한 일화를 강조하며 그래도 제법 괜찮은 군주였다는 의견도 없지는 않습니다. 심지어 왕샤오레이(王曉磊)는 『정사』와 사서를 바탕으로 집필한 소설 『삼국지 조조전』에서 "조비가 촉한과 동오의 대립을 틈타 공격을 가했다면 손권

과 유비는 즉각 손을 잡고 위나라를 쳤을 것이다. 반면, 방관 입장을 고수했을 시 최소한 손권이든 유비든 어느 한쪽의 세력 약화를 유도할 수 있을 것이므로 적절한 방책이라 볼 수 있다"라며 이릉대전 당시의 외정에도 합격점을 주었습니다.

유능한 지도자인가, 최악의 소인배인가

그렇다면 조비는 실제로 어떤 인물이었을까요? 여기서는 조비의 복합적인 성격에 영향을 미쳤을 법한 사건을 중심으로, 조비의 발자취를 좇아가봅니다.

조비는 조조의 삼남으로 태어났습니다. 조조가 가장 총애하던 첩 변씨(후일 태황태후까지 이르는 무선황후 변씨)에게서 나온 첫 번째 아들이었죠. 난세에 누가 아니 그렇겠냐마는, 조비도 상당히 혼란스러운 유년 시절을 보냈을 것입니다.

조조가 동탁이 내린 벼슬을 거부하고 처자식도 버린 채 도망쳤을 때입니다. 원술이 조조의 집에 찾아와 조조가 죽었다는 오보를 전하자, 조조의 첩들이 당황해 고향으로 가려 했습니다.

이때 가솔을 보존한 것은 조조를 기다리자며 떠나려는 첩들을 말린 변씨였습니다. 당시 조비는 만 세 살이었으니, 아버지가 자신을 버리고 도망갔다는 기억, 혹은 그로 인한 감정은 남았을 듯합니다.

일곱 살에는 여포가 조조의 근거지인 연주의 대부분을 차지합니다. 조조에게는 3현만이 남아 있었습니다. 연주가 9개군 80현으로 이루어져 있었으니, 그야말로 세력이 와해되었다고 해도 과언이 아닙니다.

조비 역시 언제 적이 쳐들어와 목숨을 잃을지 몰라 두려움에 떨었을 것입니다. 일촉즉발의 상황 속에서 2년을 보낸 끝에, 조조는 연주를 수복했습니다.

오래지 않아 아홉 살이 되었을 무렵, 아버지가 폐허가 된 낙양에서 황제를 줍는 데 성공했습니다. 그러고는 자신의 근거지 허창으로 도읍을 이전하죠. 도망이나 다니던 전에 비하면 제법 근사한 아버지의 모습이었겠습니다. 마찬가지로 전에 없는 평화로운 시기였고요.

혼란과 평화를 거치며, 나름대로 교육은 잘 받은 모양입니다. 본인의 자서전이나 다름없는 『전론(典論)』에 따르면, 이미 여덟 살에 글을 짓고, 각종 경전과 제자백가를 꿰뚫었으며(이래서 문황제(文皇帝)라는 시호를?), 말을 탄 채 활을 쏠 수 있었다고 합니다. 자서전이니만큼 과장은 있을 수 있지만, 조씨의 위가 멸망한 후에도 기록의 허풍을 지적하는 사가(史家)가 없었던 것을 보면 완전한 거짓은 아니겠습니다.

코에이의 〈삼국지 조조전〉에서도 활을 잘 쏘았다는 기록을 반영해 궁기병으로 설정되지요. 비중이나 성능은 처참하지만요.

이러한 영재교육이 반드시 후계자의 자리를 노려서는 아니었습니다. 위로 최소 열 살 이상 차이나는 맏형 조앙(曹昂)과 이미 아들까지 낳은 차형 조삭(曹鑠)이 있었거든요.

조앙과 조삭은 둘 다 첩 유씨의 소생이었지만, 유씨가 일찍 떠나 정실이었던 정씨의 양자, 즉 조조의 적자가 됩니다. 그러던 중, 조조가 유표(劉表)의 세력이었던 장수(張繡)를 정벌하러 갑니다. 맏아들 조앙과 조카 조안민(曹安民)도 따라갔는데요, 당시 열 살에 불과했던 조비도 함께였습니다.

장수는 빠르게 조조에게 항복했습니다. 들떠 있던 조조는 장수의 숙모이자 장제의 미망인을 취하게 되는데요, 장수는 여기서 마음속에 원한을 품게 됩니다. 이를 안 조조가 은밀히 장수를 죽이려는 계획을 궁리했다고 합니다.

서진(西晉) 시대의 사서 『부자(傅子)』에 따르면, 조조가 장수의 부하 호거아(胡車兒)의 용맹함을 높이 사 금을 주었다고 합니다. 장수는 자신의 측근을 포섭하려는 조조를 의심했다고 전합니다.

이유가 무엇이든, 불안해진 장수는 조조를 불시에 습격합니다. 조조는 총애하던 부하 전위(典韋)는 물론, 맏아들 조앙과 조카 조안민마저 잃습니다. 곽반(郭頒)이 쓴 『위진세어(魏晉世語)』에 따르면, 부상을 입은 조앙이 아버지에게 말을 바쳐 아버지는 살리고 본인만 죽었다고도 하지요.

적장자마저 잃을 정도였으니, 조비를 챙길 정신도 없었을 것입니다. 조비는 『전론』에서 "당시 나는 열 살이었는데, 말을 타고 벗어날 수 있었다"고 고백합니다. 조비는 추후 조앙을 풍도공(豊悼公)으로 추봉하는데요, 여기서 도(悼)는 '슬퍼하다, 애도하다'는 뜻입니다.

이 사건은 조조 집안에도 큰 변화를 불러일으킵니다. 조앙의 양어머니이자 조조의 정처였던 정씨가 분노해 이혼을 선언했거든요. 조비의 친어머니 변씨가 대신 정실이 됩니다. 차남이었던 조삭 역시 당시에는 사망했는지, 조비가 실질적인 장남이 됩니다.

아버지의 인정을 받지 못했던 아들

원소와의 싸움이 시작되었습니다.

장형 조앙과 종형 조안민을 죽음으로 몰아넣었던 장수가 가후(賈詡)의 조언에 따라 조조에게 항복합니다. 조조에게는 엄청난 호재였던 것이죠. 덕분에 남쪽의 유표를 견제할 수 있게 되었거든요. 조조는 장수와 사돈을 맺으며 과거를 덮습니다. 열세 살의 조비는 그런 아버지를 보면서 무슨 생각을 했을까요?

열세 살 소년의 머릿속이 어떻든, 조조는 원소와의 결전을 위해 관도(官渡)로 향했습니다. 실질적인 장남 조비도 아버지를 따라 참전하게 됩니다.

5년 후 업(鄴)이 함락되었을 때, 조비는 원희(袁熙)의 처 견씨를 발견합니다. 첫눈에 반한 조비는 견씨를 데려다가 정실부인으로 맞이합니다.

일견 순수해 보일 수도 있는 장면입니다만, 어느 정도는 아버지에 대한 반발심도 있지 않았을까 추측해봅니다. 패장의 부인이니 마음에 들었다 한들 첩으로 들이면 그만이거든요.

실제로 조조는 이에 대한 사대부의 시선을 크게 걱정했습니다. 해당 사건에 대한 공융(孔融)의 말에 좌우지되는 조조의 모습을 보면 알 수 있지요.

조비의 반항심을 알 수 있는 일화가 또 있는데요, 바로 귀순했던 장수의 죽음입니다. 장수는 관도대전 및 원소의 장자 원담 격파에 공을 세우며 식읍을 무려 2,000호나 받았어요. 참고로 순욱(빈 찬합좌…)의 식읍이 2,000호였고, 종요(앞서 나왔던 70대 득남 신화의 주인공)의 식읍이 1,800호였으니 엄청난 후대였죠. 물론 문관보다는 무관의 식읍이 많은 편이긴 합니다만, 그렇게 따져도 여전히 엄청납니다. 조조의 인척이자 개국공신이었던 하후연(夏侯淵)은 최종 식읍이 800호에 불과했거든요. 정말 엄청난 공을 세웠다기보다는, 정치적, 상징적인 의미로 보는 편이 옳겠습니다.

하지만 아버지의 후대를 보면서도, 조비는 장수를 증오했습니다. 『위략』에 따르면, 조비는 장수를 수차례 모임에 초대해놓고는 "내 형을 죽여 놓고 무

견희. 훗날 황제가 되는 조비의 황후로서 문소황후(文昭皇后)라고 불립니다. 피부가 옥과 같고 얼굴은 꽃과 같은 자태를 지닌 미인이었다고 전합니다. 그러나 그녀의 최후는….

슨 면목으로 남을 쳐다보는가"라며 화를 냈다고 합니다.

『정사』에 따르면 장수는 오환(烏桓) 정벌에 참가했다가 가는 도중에 죽었다고 하는데요, 『위략(魏略)』에 따르면 조비의 압박을 견디다 못해 자살했답니다. 『위략』의 기록이 사실이라면, 그만큼 형의 죽음이 사무쳤다는 방증 아닐까요.

스물네 살이 되었을 때는 한수와 마초의 난에 종군, 공을 세워 오관중랑장이자 부승상이 되었습니다. 이대로라면 무난히 조조의 후계자가 될 듯했습니다. 하지만 조조의 생각은 달랐습니다. 조비의 열한 살 어린 이복동생인 조충(曹沖)에게 마음이 가버렸기 때문입니다.

조충은 어렸을 때부터 특출 날 정도로 총명했는데요, 인품도 훌륭했습니다. 『정사』에 따르면 수십 명이 조충 덕에 목숨을 부지했다고 하네요.

『위략』에 따르면 조비는 "조충이 살아 있었다면 나는 천하를 얻지 못했을 것"이라고 했다고 하니, 조조는 진심으로 조충을 후계자로 삼으려 했던 모양입니다.

유교에는 두 가지 계승 원칙이 있습니다. 하나는 모두가 알다시피 적장자 계승이고요, 다른 하나는 택현(擇賢)입니다. 택현은 적장자가 계승하지 못할 경우, 어질고 현명한 이를 선택한다는 뜻입니다. 따라서 둘째든, 셋째든 상관없지요. 조선에서 양녕대군을 폐한 후, 차남 효령대군 대신 삼남 충녕대군(훗날의 세종)을 세자로 삼았던 것처럼요.

조앙이 죽었으니 조비가 적장자라고 한다면, 조비가 뒤를 이어야 하지요. 하지만 적장자가 죽었으므로 적장자 계승은 불가능하다, 라고 한다면 조충이 아니라 조충의 동생도 후계자가 될 수 있습니다. 손권도 같은 명분을 들어 막내 손량(孫亮)을 태자로 삼습니다.

하지만 조충은 열세 살이 되었을 때 병에 걸려 요절하고 맙니다. 조비가 조조를 위로하자, 조조는 이렇게 말했다고 합니다. "이 아이가 죽은 것은 나에게는 큰 불행이지만, 너희들에게는 큰 행운이겠구나."

부모가 자식에게 하기에는 너무 잔인한 말이죠.

어린 동생이 죽었습니다. 감정적으로도 상처가 되었을 법합니다. 동시에 정치적 선언이기도 했습니다. '반드시 너를 장자로 취급하지 않겠다, 택현으로 후계자를 택하겠다'라고요.

살얼음판 위의 삶

본격적인 후계자 경쟁이 시작됩니다.

조조는 특히나 문학적 재능이 뛰어나, 건안 문학(建安文學: 후한 헌제의 건안(연호) 연간(196~220년)에 조조와 그의 아들 조비와 조식 밑에서 활약한 문학 집단에 의해 주도되어 생겨난 새로운 문학 사조)이라는 완전히 새로운 사조를 시작했습니다. 건안 문학이 시작되기 전까지, 시는 유교적 정서만을 지닐 뿐 현실을 반영하지 않았던, 길고 어려운 사대부의 전유물이었습니다. 조조는 이랬던 시를 짧고 간결하면서도, 현실을 반영하고 감정을 표현하는 형태로 바꾸었지요.

이 문학적 재능은 조비와 조식에게도 이어졌습니다. 이 삼부자는 삼조(三曹)로 일컫게 될 정도로 중국 문학사에 큰 족적을 남겼지요. 특히 조식은 후에 이태백(李太白)과 두보(杜甫)가 나타나기 전까지 시의 성인으로 추앙받았을 정도입니다.

더군다나 시의 성향에 있어서도, 조조와 조식이 더 잘 맞았던 모양입니다. 조식의 초기 작품은 호방하고 남성적인 데 반해, 조비의 작품은 전반적으로 서정적이고 애틋했습니다. 조조가 두 아들에게 동작대(銅雀臺)를 주제로 시를 쓰라고 한 적이 있는데요, 조식의 시는 조조와 함께 동작대에 오르는 데서 시작해 천하를 평정함으로써 황실을 보필한 조조의 성덕을 기리는 식이었습니다. 반면 조비의 시는 동작대의 수려하고 아름다운 경관을 묘사했지요. 조조의 성향을 고려하면 아무래도 조식에게 끌렸을 수밖에요.

더군다나 조식의 곁에는 재기발랄한 문인들, 즉 차세대의 인재들이 잔뜩 포진되어 있었습니다. 조비는 아무래도 불안해하는데요, 이때 가후가 조비에게 조급하게 굴지 말고 아들의 도리를 하라 충고합니다.

그 사이 조식의 곁을 지켰던 재기발랄했던 문인들이, 속된 말로 나대다가 조조의 미움을 샀습니다. 조식 역시 음주 문제를 드러냈습니다. 관우에게 공격받은 조인을 구원하러 가야 했던 상황에서 술에 취해 있었다고 하는데요, 동진의 사서 『위씨춘추(魏氏春秋)』에 따르면 조비가 조식을 억지로 취하게 만들었다고 합니다. 물론 『정사』를 보면, 조식의 술 문제는 어제오늘 일이 아니었던 듯싶긴 합니다.

동시에 조조의 초기 공신이었던 모개(毛玠)는 물론, 조식의 장인이자 사대부의 대표격이었던 최염(崔琰) 역시 장자 계승의 원칙을 밀어붙입니다. 마침내 조조는 조비를 세자로 삼습니다. 『자치통감』에 따르면 이때 옆에 있던 신비(辛毗)의 목을 끌어안고 기뻐했다는데요, 시를 보아도 그렇지만 상당히 감정적인 면모가 강해 보입니다.

하지만 조조의 망설임은 조비의 정통성에 흠집을 내게 됩니다. 특히 후계자 경쟁에서 완전히 탈락한 조식과는 달리, 군권을 어느 정도 장악했을 뿐 아니라 군사적 업적까지 있던 조창(曹彰)은 위협이 되었습니다. 오죽하면 조조가 죽자 단 하루 만에 조비의 즉위를 처리했는데요, 이는 조창의 찬탈 시도를 방지하기 위해서였습니다.

실제로 조창은 도착하자마자 장례를 주관하던 가규(賈逵)에게 옥새의 행방을 물었답니다. 나라의 후계자가 따로 있는 상황이니 월권에 해당하는 질문이었지요. 찬탈의 의도를 지녔다고 봐도 무방한 수준이고요.

정리해보면, 살얼음판을 걷는 삶이 아니었을까 싶습니다. 그러면서도 아버지에 대한 사랑은 있었던 모양인지, 조조가 죽자 너무나 울어 조정이 마비되었다는 『정사』의 기록도 있습니다.

가족에게 양가감정을 갖는 것만큼 스트레스 받을 일이 얼마나 되겠어요. 그런 스트레스를 조비는 그른 방향으로 풀기도 한 모양입니다. 인간성에 물음표를 던지게 만드는 일화가 제법 있지요. 이를테면 앞서 언급한 조창은 '뜬금없이' 조비에게 소환되었다가 '갑자기' 죽었습니다. 암살을 의심하지 않을 수 없지요.

마찬가지로 관우에게 항복했던 명장 우금(于禁)이 돌아오자, 우금을 용서한다고 말하면서 조조의 무덤에 참배케 했는데요. 이 무덤에는 우금이 관우에게 비굴하게 항복하는 장면이 그려져 있었습니다. 바로 옆에는 방덕(龐德)이 떳떳하게 죽음을 청하는 모습이 있었죠. 우금은 오래지 않아 분사(憤死)합니다. 아무리 우금의 항복에 화가 났다고는 하지만, 군주가 할 만한 짓은 아닙니다.

그러나 정치적으로는 괜찮은 면모도 보였습니다. 특히 아버지를 따라 종군한 경험이 여럿 있기 때문인지 보훈 제도에 각별한 관심을 보였으며, 마찬가지로 복지 제도를 정비하기도 했고요. 후한 말을 집요하게 괴롭혔던 외척과 환관을 배척하기도 했습니다.

무엇보다 조비가 채택한 구품관인법(九品官人法)은 기존 인사 제도의 폐단을 보완한 것으로, 3세기 후 과거 제도가 시작될 때까지 쓰였습니다. 아니, 과거 제도가 시작된 후로도 후세까지 지속되어, 현대 한국에서는 구품관인법의 영향을 받은 9급 공무원 제도가 쓰이고 있습니다. 물론 부작용이 없지는 않았습니다만, 당대로서는 상당히 진보한

청나라 시기에 그려진 조창의 상상화. 문에 좀 더 치우친 조비와 달리 무예에 출중하다는 설정이 반영된 그림입니다.

정책임에 틀림없습니다.

세계사나 중국사 교과서를 펼치면 『삼국지』에 관련된 이야기가 거의 나오지 않습니다. 문화적, 문학적 가치는 충분하지만, 역사의 큰 흐름에 남긴 영향은 미미하거든요.

다만 구품관인법만은 예외로, 반드시 나오는 항목 중 하나입니다. 그만큼 큰 족적을 남겼다고도 볼 수 있습니다.

조비의 이러한 성장 배경을 바탕으로, 조비가 겪었던 건강 문제를 의학적인 관점에서 다뤄보겠습니다.

"머리털이 빠지는 게 그치지 않았다"

드디어 위나라의 2대 왕이자 초대 황제가 된 조비. 하지만 나라를 다스리면서도, 소년기와 청년기에 쌓인 스트레스는 쉽게 사라지지 않았습니다. 조비는 이런 스트레스를 단 것으로 풀었던 모양입니다.

특히 포도에 대해서는 맛을 상세히 표현하면서, 그 어떤 과일도 포도에 비교할 수 없다며 예찬했습니다. 포도뿐 아니라 다른 과일도 전반적으로 달달한 것을 좋아해, 지역 특산물이나 식재료에 대해서도 잘 알고 있었습니다. 촉의 맹달(孟達)이 귀순 후 촉에서는 고기 요리에 엿이나 꿀 등을 더해 달달하게 먹었다고 하자, 신나서 신하들에게 말한 적도 있답니다. 적국의 핵심 인사가 투항했는데 요리법에 관심을 갖다니, 자신감인지 어리석음인지는 모르겠습니다.

다만 단 것으로도 스트레스가 완전히 해소되지는 않았겠습니다. 탈모가 있었다는 기록을 고려하면요.

의서 『외대비요(外臺秘要)』(당(唐)나라 왕도(王燾)가 752년에 지음)에는 탈모약을 만드는 방법이 나오는데요, 조비의 탈모가 심해졌을 때 사용했답니다.

주 원료는 천궁, 건지황, 방풍나물, 신이, 고본, 혜백, 지마유, 황기, 당귀, 땅두릅, 백지, 작약, 망초입니다. 약재를 깨끗이 씻어내 으깬 후, 약불로 끓이다가 물이 끓어오르면 지마유를 넣고 잘 저어줍니다. 약이 완성되면 머리를 깨끗하게 씻은 후 두피에 바르고, 4~8시간 후 씻어내면 된답니다.

이 중 망초(학명: Erigeron canadensis)는 독이 있다고 알려져 있습니다. 그러나 심한 독성을 나타내지는 않는다고 하며, 이 식물 안에는 사포닌, 클리코사이드, 플라보노이드, 타닌 등의 성분이 들어있습니다. 그리고 망초는 항염증, 항산화, 항균 등의 효과를 나타낼 수 있다고 알려져 있습니다.[1]

조비의 탈모 양상에 대해 『외대비요』에 "조비는 30세에 발증(发症)을 얻어 머릿기름이 샘처럼 솟았고 머리털이 빠지는 게 그치지 않았다(发脂如泉, 脱发不止)"라고 묘사되어 있던 것을 미루어 보아 '지루성 피부염(Seborrheric dermatitis)'과 동반된 탈모 증상이 아니었을까 추측해 볼 수 있습니다.

지루성 피부염은 홍반(붉은 반점)과 가느다란 인설(비듬), 딱지 등을 주요 증상으로 하며, 주로 40~70세, 그리고 남성에게서 좀 더 호발하는 피부 질환으로 알려져 있습니다(생후 3개월 이내의 어린 아이에게서도 발생할 수 있습니다). 원인은 아직 명확히 밝혀져 있지 않으나 말라세지아(Malassezia)라는 곰팡이균의 감염, 면역 기능 이상, 기름기가 많은 피부 등이 연관이 있는 것으로 보고 있습니다. 그리고 스트레스, 우울증과 같은 정신 건강 문제, 피로, 파킨슨병과 같은 신경계 질환 등이 발병의 위험 요소로 작용한다고 합니다.

이러한 지루성 피부염이 두피에 발생한다면, 염증과 가려움증으로 인해 모근이 약해지며 일시적으로 많은 머리카락이 빠지는 증상이 발생할 수 있습니다. 이런 증상이 나타나면 탈모가 생겼다고 오인할 수 있습니다.

조비는 즉위 전에도 불안정한 계승 구도와 아버지와의 갈등(이복동생인 조충에 대한 편애 등)으로 인해 상당한 스트레스를 받았을 것으로 생각됩니다. 게다가 평소에 단 음식도 좋아했던 조비의 식습관도 지루성 피부염 발생 위험도를 높였을 것이라 생각됩니다(혈당이 높아지는 식사로 인해 인슐린 저항성이 증가되면 염증 유발이 더 잘 되어 지루성 피부염 발생에 영향을 줄 수 있습니다).[2]

조비의 아버지인 조조나 형제인 조창, 조식 등에게서는 탈모와 관련된 기록이 보이지 않는데요, 유전성 탈모 가능성이 떨어지므로, 위와 같은 두피염에 의한 2차성 탈모였을 가능성이 더 높을 것으로 생각되며, 두피염에 의한 탈모였기에 약을 이용하여 증상의 호전을 얻을 수 있었으리라 여겨집니다.

현대에는 이러한 지루성 피부염에 의한 두피 문제는 항지루성 샴푸(말라세지아에 대한 항균 작용이 있음)를 사용하여 치료하는데, 고대 중국에서는 『외대비요』에 나온 것과 같은 다양한 약초를 배합하여 만든 약물을 바르는 방식으로 치료를 시도한 것으로 보입니다. 지루성 피부염이라는 개념을 몰랐기에 '기름기가 솟아나오며 나타나는 탈모'에 효과적인 비법이라고 전승되었겠지만 말입니다.

이렇게 머리카락이 빠질 만큼의 스트레스를 받아가면서도 나름대로 위를 부강하게 만들던 조비는 39세의 젊은 나이에 세상을 떠납니다.

단맛 중독자 조비의 급사

반드시 갑작스러운 죽음은 아니었을지도 모릅니다. 『정사』에 따르면 전해 음력 10월(양력 12월), 독한 추위로 물길이 얼었다고 합니다. 두 달 후인 음력 1월(양력 3월), 허창성의 남쪽 문이 이유 없이 저절로 무너져 내려 조비가 이를 불길하게 여겼다는데요. 사서에서 이러한 징조가 지니는 의미를 생각해보면, 이때부터 조비의 몸이 나빠졌던 것은 아닐까 싶습니다. 유례없던 추위 때문에 건강이 악화되었을지도 모르고요.

후계자를 바꾸려 들었으나 예상치 못한 중병에 조예를 황태자로 확정했다는 기록도 있으니, 본인 스스로도 이겨내지 못할 병임을 직감했다는 뜻이겠지요. 같은 해 5월(양력 6월), 조비는 유조를 내립니다. 다음날 붕어했고요.

갑작스러운 조비의 사망 원인은 무엇일까요?

허창성의 남문이 무너졌다는 기록으로부터 3개월여 만에, 불과 서른아홉 나이의 조비는 사망하게 됩니다. 아무리 고대의 평균 수명이 현대보다 짧았다고 해도, 서른아홉은 죽음을 당연시 여기기에는 너무나도 젊은 나이입니다.

조비의 아버지인 조조는 사망 시에 65세, 어머니인 무선황후 변씨는 대략 70세까지 살았으며, 그의 할아버지인 조숭 역시 살해당하던 당시의 나이가 65세였으므로 단명의 원인이 되는 유전 질환이 있을 것이라고 보기도 어렵습니다.

인터넷 상에 떠도는 이야기로는 주색잡기에 빠져서 일찍 죽었다고도 하나, 실제 사서에서 주색에 빠졌다는 묘사는 명확하지 않습니다. 다만 군주가 지양해야 하는 '사냥' 정도는 즐겼다고 합니다.

『연의』에는 현대의 독감에 해당하는 '한질'에 걸려 사망했다고 기술되어 있으나, 이 역시 사서에는 없는 내용이며 조비의 이른, 그리고 불명확한 죽음의 원인을 설명하기 힘들었던 나관중이 적당히 가져다 붙인 병명으로 보입니다.

어려서부터 스트레스를 많이 받았고(특히 형 조앙의 죽음 당시에는 거의 PTSD 수준의 충격을 받았을 것으로 추측됩니다).[3] 또한 평소 단 음식을 즐겼다는 사서 속의 기술을 바탕으로 '당뇨'에 걸렸으나 치료하지 않고 지내다가 합병증으로 사망했을 가능성도 고려해볼 수 있습니다.

그러나 사서 속의 조비는 당뇨와 같은 만성 질환을 오래 앓은 사람 특유의 쇠약한 모습이 묘사되지 않고 있어서 39세라는 비교적 젊은 나이에 사망하는 원인으로 당뇨만을 생각하기는 어려울 것 같습니다(당뇨로 사망했을 것이라 추측되는 조선의 세종대왕도 52세까지 살았으며, 이미 그 전에 다양한 당뇨 합병증 징후들이 나타나고 있었습니다).

그럼 과연 새로운 황조를 연, 의욕적인 39세의 남성을 죽음에 이르게 한 원인은 무엇이었을까요?

사서에서 주목해볼 만한 부분은 조비가 사망 전 세 차례의 남정(남쪽에 위치한 오나라 정벌)을 시도했다는 것입니다. 결과만 놓고 볼 때, 조비가 야심차게 시도한 세 번의 정벌이 모두 실패로 돌아갔기에 그 자체만으로도 군주였던 조비에게 스트레스 요인으로 작용했겠지만, 단순히 심리적인 압박이 조비를 죽음으로 몰아가진 않았을 겁니다.

정벌의 결과보다는 정벌 자체가 조비에게 문제를 일으켰을 가능성을 생각해봐야 합니다.

두 번의 남정(南征)과 이질아메바 감염증

삼국시대에 오나라가 위치한 중국 남

부는 덥고 습한 기후 및 늪지가 많은 환경으로 인해 원래 황하 근처에서 살았던 한족들에게는 방문이나 거주가 상당히 부담이 되는 지역이었을 것입니다. 이러한 기후 및 환경 조건에서는 고금을 통틀어 '전염병'이 창궐하기 쉽습니다. 이로 인해 한족의 남방 진출이 늘어나기 시작한 위진 시대(魏晉, 220~589)를 거치며 장(瘴)병이란 용어가 생겨났는데, 이는 중국 남부 지방에서 발생하는 풍토성 열병을 아우르는 표현입니다.[4]

현대의 관점에서는 말라리아나 뎅기열, 장티푸스, 세균성 이질, 기타 다양한 바이러스 감염증, 그리고 기생충 감염에 의해 발생할 수 있는 열성 질환들이 이에 속할 것입니다.

삼국시대까지는 장병이라는 용어를 쓰지 않았기에 정확히 묘사되지 않지만, 적벽대전, 이릉대전, 그리고 조비의 1차 남정 등에서 군대에 '전염병'이 돌았다는 기술이 등장합니다. 무슨 질환인지는 정확히 알 수 없지만, 남부 지역을 배경으로 하는 전투에서 전염병에 대한 언급이 반복되는 것으로 보아 그 당시 위생 관념의 한계로 음식이나 물에 대한 관리가 제대로 되지 않고, 모기와 같은 곤충에 물리는 것의 위험성에 대해 잘 인지하지 못했던 병사들이 다양한 질병에 시달렸던 것으로 생각됩니다.

이러한 남부 지역에, 222년~225년 사이에 세 차례나 정벌을 감행한 조비 역시 풍토병과 전염병에 감염되었을 가능성이 높지 않았을까요? 물론 사서에는 조비가 병에 걸렸다는 내용이 나오지는 않지만, 첫 번째 원정에서 '역병'에 대한 언급 이후 위나라의 장수 조인이 사망했다는 내용이 있어 무언가 전염병이 고위 관직자 급에게도 돌았다는 것을 간접적으로 알려줍니다.

두 번째 원정에서는 조비가 강에 빠질 뻔했다는 표현(당시 깨끗하지 않은 물에 빠지는 것 역시 수인성 전염병 감염 가능성을 높일 수 있습니다)이 있었는데, 이 역시 조비의 건강 상태에 악영향을 주는 일이 아니었을까 하는 생각이 듭니다.

이 세 번의 원정마다 조비는 건강상의 문제를 겪었을 수도 있습니다. 혹은 처음 두 번의 원정까지는 본인은 큰 탈이 나지 않았을 수도 있으나(군대나 주위 장수들은 역병을 겪었다 해도) 세 번째 원정에서는 그동안의 패전 스트레스와 전쟁 준비에 따른 피로와 그로 인해 지친 몸, 또 다시 머나먼 남쪽 땅으로의 이동이라는 부담, 그리고 그 지역에서 얻은 질병이 겹쳐 커다란 타격을 입지 않았을까 하는 추측을 해봅니다.

남정 중에 얻을 수 있는 질병 중에 사서에 '역병'으로까지 기록되지 않았지만, 전반적인 전쟁 수행에 문제가 될 수 있는 질환들이 무엇이 있을까 고려를 해보았을 때 수인성-식품 매개 감염병 계통이 가능성이 가장 높을 것으로 보입니다. 요즘으로 치면 노로바이러스 감염증 등으로 인해 장염이 발생하면 아주 심한 고열까지는 나지 않더라도 복통과 설사, 구토 등으로 전쟁 수행에 차질을 일으키는 인원이 늘어날 수 있으니까요.

물론 이와 같은 추론은 가능하지만 실제로 질병 발생이 있었다는 사서의 기술은 없고, 조비가 이와 비슷한 질병을 얻었다는 확실한 증거 역시 없습니다. 그래도 남정이라고 하는 특수한 정황상 조비가 수인성–식품 매개 감염병을 얻었을 가능성은 있습니다. 특히 '물'에 의해 감염될 수 있는 병 말이죠.

식품 섭취에 의한 감염 가능성이 낮다고 보는 이유는, 비록 남방 지역에 방문해서, 조비가 양자강에서 얻을 수 있는 민물고기 음식 등을 즐겼을 가능성이 있으나(아버지인 조조가 전복을 좋아했다는 기록이 있었으니 아들인 조비도 그 입맛을 이어받았을 가능성을 무시할 수는 없습니다), 당시 기주에 기근이 들어 전반적인 군량 수급 상황이 좋지 않을 시기에 딱히 폭군이나 암군도 아닌 조비가 자신의 식사를 잘 차리길 원치 않았을 수도 있고, 혹여 여러 가지 민물고기를 활용한 음식을 준비한다 해도 강물이 얼어붙을 만큼 추운 날씨(당시 오나라 수도 근처에 음력 10월에 도착)에 굳이 날 음식을 먹었을 것 같지도 않습니다.

이렇게 생각해보면 음식보다는 식수 매개 감염의 가능성이 더 높아지는데, 중국 사람들이 예전부터 차를 마시는 문화가 있으니 어느 정도 감염에 방어가 되었을 수도 있으나 차는 끓여 마신다 해도 모든 식수를 끓여서 준비한다는 개념은 부족했을 것이고, 또한 식수는 최대한 깨끗이 준비한다 해도, 식기를 씻거나 할 때 쓰는 물은 그냥 근처에 있는 강물이나 우물물을 가져다가 사용했을 것입니다. 이러다 보면 아무리 왕이라 한들, 수인성 감염병에 노출될 수 있는 것이지요.

이제부터는 정말 추측의 영역이지만, 조비는 추운 날씨에 강물이 얼어붙어 오나라 수도로의 진군이 어려워진 문제 그리고 기록에 남아 있지는 않지만, 병사들에게 영향을 줄 정도로 슬금슬금 돌았던 수인성 감염병(바이러스성 장염이나 장티푸스 등등)으로 인해 회군을 결정했을지도 모릅니다.

그리고 회군하다가 허창성에 도착했을 즈음엔 본인도 병사들과 비슷한 장염 증상 등이 좀 심하게 나타나서 정말 불길하다 여기고 빨리 낙양으로 돌아간 것이지요(안정가료도 해야 하고, 자기가 병을 얻어온 것으로 보이는 남쪽 지방에서 멀어지고 싶은 마음도 컸겠지요).

그런데 낙양으로 돌아온 지 2~3개월쯤 지나서 몸 상태가 매우 나빠지더니, 본인이 일어날 수 없을 것 같음을 느끼고 그때까지도 후계자로 확정하지 않았던 조예를 차기 황제로 지명하고 사망에 이르게 됩니다. 이 부분이 기이했기에 나관중도 '한질'이라는 질환을 슬쩍 집어넣었던 것이겠지요.

지금 명확한 증거를 제시할 수는 없지만, 전쟁터를 떠난 지 4~5개월여 정도 지나서 몸이 나빠지기 시작한 것이라면 잠복기가 상당히 긴 수인성 감염병에 걸렸던 것일 수도 있는데, 그중 가능성이 높은 것은 '이질아메바 감염증(Amebiasis, amoebic dysentery)'을 꼽을 수 있습니다.

이질아메바 감염증은 잠복기가 수주에서 수년씩 될 수 있는데,

대체로 무증상이거나 가벼운 장염을 일으키지만 드물게 '전격성 장염(fulminant colitis)'을 일으킬 수 있으며 이 경우에는 치사율이 40퍼센트까지 상승하게 됩니다. 전격성 장염 증상으로는 초기에는 복통이 있다가 피가 섞인 설사가 나오기 시작하고, 증상이 심해질 경우 혈변의 횟수가 증가하여 하루에 10~20회 가까이 나오기도 합니다. 더불어 오심, 구토 증상과 몸무게 감소, 발열이 나타나기도 하며 빈혈이 초래되기도 합니다.

현대라면 이런 증상이 나타날 때 원인균을 감별하고 적절한 항생제(메트로니다졸)를 사용하면서, 탈수와 빈혈에 대한 적절한 대증치료를 통해 질병을 극복하도록 도울 수 있겠지만, 조비가 살던 시대인 고대 중국에서는 이와 같은 치료가 불가능했으므로, 전격성 장염까지 진행했을 경우에는 사망에 이를 수 있었을 것입니다.

특히 지속된 복통과 설사, 체중 감소와 빈혈을 앓다 보면 어느 순간 본인이 다시 일어나기 힘들어질 것이라는 예감을 받았을 것입니다. 그리하여 조비는 조예를 후계자로 지목하고 사망한 것은 아닐까요?

사서에 전염병에 대한 기록이나 기타 질병에 대한 자세한 묘사가 없었기에 어디까지나 추측과 상상의 영역이지만, 조비가 남정 이후 사망한 정황을 중심으로 살펴보면 이와 같은 추정 진단도 한 번쯤은 고려해볼 수 있다고 생각합니다.

05
한수정후(漢壽亭侯) 관우, 자부심과 오만의 경계에 서다

자기애성 성격장애

관우가 술을 몇 잔 마시고 나더니, 다시 마량과 바둑을 두며, 팔을 뻗어 화타에게 그곳을 절개하게 했다. 화타는 뾰족한 칼을 손에 든 채, 병졸에게 큰 주발을 받들고 팔 아래에서 피를 받게 했다. 화타가 말하기를, "제가 곧 손을 쓸 테니 군후께서는 놀라지 마십시오." 하니, 관우가 말하기를, "그대에게 치료를 맡겼으니 어찌 세간의 속인들처럼 아픔을 두려워하겠소?" 했다.

화타가 이에 칼로 살갗과 살을 절개해 뼈에 이르자, 뼈 위가 이미 시퍼렇게 되었다. 화타가 칼로 뼈를 긁으니, 쓱쓱 소리가 났다. 장중의 상하 모든 사람이 얼굴을 가리고 낯빛을 잃었다. 그러나 관우는 술을 마시고 고기를 먹으며 담소를 나누고 바둑을 두니, 그 와중에도 전혀 고통이 없는 기색이었다. 잠깐 사이에 피가 흘러

주발을 채웠다. 화타는 화살 독을 모조리 긁어내고 약을 바른 후 실로 꿰매었다. 『연의』

『연의』에 나오는 관우의 일화입니다. 각종 인터넷 커뮤니티에서도, 고통을 유독 잘 참은 사람의 이야기가 올라오면 전생에 관우였냐는 댓글이 달리곤 합니다. 그만큼 유명하다는 방증이겠지요.

유례없는 진상 환자

이문열은 본인의 『평역 삼국지』에서, "꾸며 넣은 얘기는 아닌지"라며 의문을 표합니다. 『정사』의 〈화타전〉이나 〈관우전〉에는 나오지 않는 이야기라면서요. 그래서 많은 사람들이 해당 내용을 『연의』의 창작이라고만 알고 있습니다. 다 떠나서, 허풍이 너무 심해 보이긴 합니다.

반은 맞습니다. 분명 〈화타전〉에는 나오지 않습니다. 관우가 팔을 다쳤을 때 화타는 이미 죽었으니까요.

하지만 반은 틀렸습니다. 관우가 팔을 다쳐 치료받았다는 내용은 〈관우전〉에 분명히 실려 있거든요.

일찍이 관우는 화살에 맞아 왼팔을 관통 당한 일이 있었다. 그 뒤 비록 상처는 치유되었으나, 흐리고 비 오는 날이면 늘 뼈가 아팠다. 의원이 말하길, "화살촉에 독이 있어 이 독이 뼈에까지 들어갔습니다. 팔을 갈라 상처를 내고 뼈를 깎아 독을 제거한 연후에나 이 통증이 없어질 것입니다."

관우는 팔을 뻗어 의원에게 자신의 팔을 가르게 했다. 때마침 관우는 제장들을 청하여 음식을 함께 먹고 있었는데, 팔에서 피가 흘러 대야에 가득 찼으나 관우는 구운 고기를 자르고 술잔을 끌어당겨 담소를 나누며 태연자약했다.

『정사』〈관우전〉

화타가 집도하지 않았을 뿐, 내용은 비슷합니다. 의원이 살을 갈라 뼈에서 독을 긁어내는 와중에도 태연자약하게 고기를 먹고, 술을 마시며 담소를 나눴다는 것입니다. 선천성 무통각증(선천성 무통각증 및 무한증(Congenital Insensitivity to Pain with Anhidrosis, CIPA), 실존하는 유전성 희귀질환)이 아니라면 엄청난 정신력이겠습니다. 물론 그랬다면 애초에 "비 오는 날 늘 뼈가 아팠"을 리가 없겠지만요.

관우

관우의 부상을 현대 의학적으로 풀이하자면 화살에 의해 발생한 '관통상(penetrating wound)'이며, 사서의 묘사를 전적으로 신뢰한다면, 화살이 뼈까지 건드릴 정도로 깊게 박혔던 것 같습니다.

사서의 언급에 따르면 관우가 맞았던 것은 단순한 화살이 아니라 화살촉에 독이 발려 있던 독화살이라고 할 수 있는데, 고대 중국에서 화살촉에 바르는 용도로 쓴 독으로는 투구꽃(Aconitum)에서 추출할 수 있는 아코니틴(Aconitine, 과거에는 '초오'라고 부름) 성분이나 우파스 나무(Upas tree, Antiaris toxicaria)에서 얻을 수 있는 안티아린(Antiarin)이라는 성분을 사용했다고 합니다.[1] 물론 이러한 독을 구할 수 없을 때는 병사들의 분변을 사용하기도 했고요. 어쨌든 단순히 관통상만 일으키는 것이 아니라 상대방에게 중독에 의한 치명상을 입히기 위해 준비한 화살이었다고 볼 수 있습니다.

어쨌든 현대를 사는 의사의 관점에서, 관우는 독화살(독의 성분은 불명이지만)에 의한 관통상을 입고도 '독극물에 의한 급성 중독 증상 발현', '관통상 부위의 감염(여러 가지 세균 감염… 파상풍이라든지)', 그리고 '혈관 손상에 의한 과다출혈 발생'이라는 위험 상황을 다 극복하고 살아남았다는 점에서 대단하긴 합니다. 관우가 워낙 촉 진영에서 고위직이었기 때문에 관통상을 입자마자 숙련된 군의에게 치료를 잘 받았을 가능성도 있지만, 그렇다 하더라도 그 시대의 치료만으로 '흐리고 비오는 날에 통증을 느끼는' 정도의 후유증 외에 별다른 문제 없이 회복했다는 것이 놀랍기만 합니다.

'흐리고 비오는 날에 통증을 느끼는'이라는 묘사를 기반으로 추측해보면, 관우의 증상은 감각 신경 손상에 의한 신경통(Neuropathic pain)일 가능성이 높습니다. 신경성 통증은 기압의 급격한 변동에 영향을 받는데, 흐리고 비오는 날씨는 저기압 상태이고 이러한 저기압은 통증 신경 자극과 신경전달물질 분비의 변화를 통해 신경병증이 있는 환자에게 불편함을 유발할 수 있기 때문입니다.

정말로 관우에게 이 정도 후유증상만 남았다면, 현대에는 신경통을 완화시키는 약제 처방 혹은 말초신경 차단(Peripheral nerve block) 등으로 증상을 조절했을 것입니다.

그런데 정말 부상 후 신경통만 남은 것이 맞을까요?

관통상이 잘 회복되었고 신경통만 남았다면, 뼈를 긁어낼 이유는 없을 것입니다. 고대 중국의 의사가 관우의 증상을 듣고 '뼈를 긁어내야 한다'는 결론에 이르렀다면, 사실 상 관우의 상처가 만성 골수염(Chronic Osteomyelitis)으로 진행한 상태였을 가능성도 고려해 볼 수 있습니다.

처음 화살을 맞았을 때 화살촉이 팔의 뼈를 손상시킬 정도였으며, 독이 발려 있었다면 상처 치료가 쉽지 않았을 것이고, 군의(軍醫)가 최선을 다해 응급처치를 했더라도 상처가 아주 말끔히 치료되지 않았을 수도 있습니다. 그 상태로 지내다 보면 '만성 골수염'이 발생할 수 있는 것이죠.

사서의 기술에 따르면 '일찍이' 다쳤으나 이후 치료받을 때까지 며칠이나 몇 달 혹은 몇 년이 지난 것인지는 알 수 없지만, 문장의 뉘앙스로는 상당히 시간이 지나고 치료를 받았던 것으로 생각됩니다.

만성 골수염의 경우 뼈의 통증이나 전신적인 위약감, 발열, 발한 등의 증상이 있으며, 보통 상처 부위에서 고름이 흐르고 뼈가 들여다보이기도 합니다. 이러한 증상의 묘사가 사서에 등장하진 않지만, 워낙 강골이고 군사 지도자의 역할을 맡고 있던 관우이기에 주위 사람들에게 상처를 제대로 드러내지 않고 버틴 것일 수도 있습니다. 혹은 제대로 상처를 치료할 만한 의사를 만나기까지 시간이 걸렸는데, 그 사이의 상황 기술이 사서에 남아 있지 않은 것일 수도 있고요.

만약에 관우의 관통상이 만성골수염까지 진행했다면, 외과적 수술을 통해 '죽은 조직 제거술(debridement)'을 시행해야 상처의 호전을 기대할 수 있습니다(골수염의 증상이 심각하고 조직의 손상 범위가 크다면, 뼈와 근육, 피부 이식술까지 필요할 수 있습니다).

아울러 죽은 조직을 제거하는 수술을 시행할 때는 보통 전신 마취(general anesthesia)가 필요하며, 상처의 범위나 환자의 상태에 따라서는 부위 마취(regional anesthesia)만을 진행하기도 하지만, 어쨌든 현대의 의사들은 마취 없이 환자에게 수술을 시행하지는 않습니다.

마취가 없다면 환자가 통증에 의해 움직일 수도 있고, 통증 자체로 인한 쇼크에 빠지거나, 수술 상황을 인지하는 것만으로도 큰 스트레스를 받을 수 있기 때문입니다. 결국 이러한 상황은 수술을 하는 의사에게도 큰 어려움을 초래하게 되어 수술 결과가 나빠질 수밖에 없습니다.

그러나 우리의 영웅 중의 영웅인 관우는 마취 없이 수술을 받았다고 『정사』에 기술되어 있습니다.

그렇다면 과연 수술을 마취 없이 진행했던 것이 맞을까요?

『정사』에서 관우를 치료한 의사는 화타가 아닙니다. 그래도 상당히 실력이 좋은 의사였는지 수술 후 관우의 팔에 문제가 있었다는 기록은 없습니다. 화타처럼 외과적 치료를 잘하는 의사였을 수도 있고, 시기상으로 보자면 화타의 제자였을지도 모를 일입니다. 화타와 비슷한 시기에 활동한 의사였다면 화타가 사용했던 마취 및 수술 기술을 비슷하게 알고 있었을 가능성이 높고, 그렇기에 화타가 사용한 마비산(麻沸散: 아편을 포함한 약제일 것이라는 설이 있으나 정확한 처방전이 전해지지 않음)과 같은 마취제라든가 침술을 이용한 국소 마취법을 활용했을 수도 있습니다.

환자인(게다가 나름 큰 군벌 세력의 고위 장수인) 관우가 자신은 마취 없이 하겠다고 강력히 주장했다면, 의사의 입장에서 억지로 전신마취를 시키긴 쉽지 않았을 것입니다(현대의 기준으로 보면 유례없는 진상 환자…). 정말로 관우가 놀라운 정신력으로 수술의 통증을 이겨낸 것일 수도 있고, 아니면 관우가 마시는 술에 약간의 진통·진정 성분을 섞거나, 현대 의학으로는 정확히 설명할 수는 없지만, 침술을 활용한 마취(혹은 통증 완화) 하에 '죽은 조직 제거술'을 시행한 것일 수도 있습니다.

수술 중에 관우는 술과 음식을 먹었다고 기술되어 있는데, 이것 역시 현대를 살아가는 의사의 입장에서는 경악스러운 부분이긴 합니다. 제가 관우를 만난 의사였다면 '수술하는데 술 마시지마!'라고 외치고 목이 베이는 것은 아니었을까 하는 상상도 하게 됩니다.

알코올 섭취는 염증반응을 일으키고 면역 기능을 저하시켜 상처 회복을 더디게 만들기 때문에,[2] 수술이 필요한 환자에게 수술 전후 금주는 필수 사항입니다.

마취도 거부하고, 술도 마시는 관우…. 외과 의사에게는 정말 재앙과 같은 환자가 아닐 수 없습니다.

강한 정신력의 근원, 자기애성 성격장애

한편으로는 수술 부위의 통증 조절 여부를 떠나서, 깨어 있는 상태에서 자신의 뼈를 긁어내는 수술 과정을 인지하고 견디는 것은 대단한 일이라고 볼 수 있습니다. 게다가 관우가 살았던 시대는 외과 수술이 흔하던 시기도 아니었으니까요. 대체 이만한 정신력은 어디서 왔을까요?

그저 강한 정신력인 것인지(순교자나 독립운동가들처럼), 통각이 저하된 사람인 것인지, 아니면 치료하던 의사가 몰래 마취 기능이 있는 약제를 사용한 것인지 현재로서는 정확하게 알아낼 방법이 없습니다. 하지만 사서 속의 관우에 대한 묘사를 살펴보다 보면 한 가지 흥미로운 상상을 이끌어내 볼 수 있습니다. 바로 관우가 '자기애성 성격장애'를 가진 사람은 아니었을까 하는 추측을 말이죠.

성격장애(혹은 인격장애(Personality Disorder))는 사회적으로 수용이 어려운 행동과 인식, 내적 상태 등을 특징으로 하는 정신 장애로, 정신건강의학과 전문의의 진료가 필요한 질환입니다. 성격장애가 나타나는 것에는 유전적 소인과 환경적 소인이 모두 영향을 줄 것이라 추측되지만, 아직까지 명확한 원인이 밝혀져 있지는 않습니다. 성격장애는 그 특성에 따라 크게 3가지 타입(A군/B군/C군)으로 구분되는데 이 중에서 자기애성 성격장애(Narcissistic Personality Disorder)는 B군에 속합니다.

B군에 속하는 성격장애는 대체적으로 드라마틱하고 감정적으로 과잉 반응하고, 예측할 수 없는 행동을 하는 경향성을 보인다고 알려져 있으며, 자기애성 외에 경계성(Borderline), 히스테리성(Histrionic), 그리고 반사회성(antisocial) 성격장애가 있습니다.

자기애성 성격장애를 지닌 사람은 자신의 중요성에 대해 거창한 감각을 갖고 있지만 비판에는 극도로 민감합니다. 타인과 공감하는 능력이 거의 없을 수 있으며, 자신의 내면보다 외모에 더 관심을 갖습니다. 오만함, 과대망상, 존경에 대한 욕구, 타인을 착취하려는 경향이 이 성격장애의 특징입니다. 이 질환을 앓고 있는 사람은 자신이 과도한 권리를 갖고 있다는 느낌을 갖고 있으며 이에 따라 타인에게 특별한 대우를 요구하기도 합니다. 미국 데이터 기준으로, 유병률은 0~6.2퍼센트 정도로 추정되며 자기애성 성격장애로 진단 받은 케이스의 50~75퍼센트가 남성이라고 합니다.[3]

그렇다면 관우에 대한 사서 속 묘사를 살펴보기 전, 자기애성 성격장애에 대한 진단기준을 먼저 살펴보도록 하겠습니다.

자기애성 성격장애의 진단기준: DSM-5

지나치게 과장된 자신감, 칭찬에 대한 욕구, 그리고 공감능력의 결여와 같은 광범위한 양상이 초기 성인기에 시작되어 다양한 상황에서 다음 중 5개 이상의 항목으로 나타난다.

1. 자신의 중요성에 대해 지나치게 과장된 자신감이 있음(예: 자신의 성취나 재능을 과장함, 뒷받침할 만한 성취가 없는 상태에서 자신의 뛰어남을 인정받고자 함)
2. 끝없는 성공, 권력, 탁월성, 아름다움, 이상적인 사랑에 대한 공상에 빠진다.
3. 자신이 특별하고 독특해서 다른 특별하거나 상류층인 사람 또는 기관만이 자신을 이해할 수 있거나, 그런 사람들과만 어울려야 한다고 믿는다.
4. 과도한 찬사를 요구한다.
5. 특권의식 즉, 대우를 받을 것에 대한 불합리한 기대감이나, 그럴 만한 이유가 없는데도 특별한 대우나 복종을 바라는 불합리한 기대감을 가진다.
6. 대인관계가 착취적이다. 즉, 자신의 목적을 달성하기 위해 다

른 사람들을 이용한다.
7. 공감 능력이 결여되어 있다. 즉 타인의 감정이나 욕구를 인정하거나 자신의 감정 또는 욕구와 같은 선상에서 보려 하지 않는다.
8. 종종 타인들을 시기하거나 타인들이 자신을 시기하고 있다고 믿는다.
9. 거만하고 방자한 행동이나 태도를 보인다.

이와 같은 진단 기준을 참고로 하여 사서 속에서 엿보이는 관우의 성격을 살펴보겠습니다.

> 평한다. 관우, 장비는 모두 일만 명을 상대할 만하며, 그 시대의 용맹한 신하이다. … 그러나 관우는 굳세고 교만했으며, 장비는 포학하고 은혜롭지 않아 결국 자신의 단점으로써 패망하게 되었으니 이치상 당연한 것이로다. 『정사』〈관장마황조전(關張馬黃趙傳)〉

진수는 관우가 굳세고 교만했다고 평합니다. 자기애성 성격장애를 단순히 교만이라 표현하기는 어렵겠지만, 키워드로서는 적합해 보이기도 합니다. 그렇다면 이제 특성에 부합하는, 구체적인 일화를 보겠습니다.

(1) 마초가 투항해 왔을 때입니다. 관우가 제갈량에게 편지를 써서 마초의 인품과 재능이 누구와 비교할 만한지 물었답니다.

4. 과도한 찬사를 요구한다.
5. 특권의식 즉, 대우를 받을 것에 대한 불합리한 기대감이나, 그럴 만한 이유가 없는데도 특별한 대우나 복종을 바라는 불합리한 기대감을 가진다.

제갈량은 "우위를 지키려는 관우의 마음"을 알아차리고는 "마초는 장비랑 선두를 다툴 만큼 뛰어난 사람인데, 미염공(美髥公) 당신만큼은 아니다"라고 답합니다. 관우의 턱수염이 무척이나 아름다워 미염공이라 부른 것이죠.

물론 질문 자체는 "마초가 어떤 사람이냐"는 것이었습니다. 하지만 그 이면에는 '내가 쟤보다 더 나아야 한다'는 우월감이 수동적으로 드러나 있었죠. 이를 알아챈 제갈량은 곧바로 관우 달래기에 들어갔습니다. 외모마저 추켜세우면서요.

제갈량은 유비 진영의 명실상부 2인자였습니다. 유비가 정벌을 떠날 때마다 본진에 남아 유비의 일을 대신했다는 점에서 알 수 있지요. 그런 제갈량마저 관우의 비위를 맞추려 애썼다는 뜻입니다.

어쨌든 원하는 답을 들은 관우는 무척이나 흡족해 합니다. 관우는 편지를 받고는 매우 기뻐하며 주위의 빈객들에게 보여주었답니다.

물론 이런 일화에 대해 '찬사와 특별대우를 받은 것뿐'이지, 요구한 것은 아니라고 생각할 수도 있지만, 관우의 성격에 대해 익히 알았을 제갈량이 관우를 추켜세우는 방법을 선택한 것을 보아, 평소에도 관우는 자신을 우대해주는 것을 기대하거나 즐기는 성격이 아니었을까 추측할 수 있습니다. 실제로도 여기저기 자랑할 정도로 좋아했고요.

(2) 이렇게 우쭈쭈 당하던 삶에 익숙해서였는지, 황충(黃忠)과 비슷한 급으로 묶이자 난리를 칩니다.

> 1. 자신의 중요성에 대해 지나치게 과장된 자신감이 있음(예: 자신의 성취나 재능을 과장함, 뒷받침할 만한 성취가 없는 상태에서 자신의 뛰어남을 인정받고자 함)
> 3. 자신이 특별하고 독특해서 다른 특별하거나 상류층인 사람 또는 기관만이 자신을 이해할 수 있거나, 그런 사람들과만 어울려야 한다고 믿는다.
> 9. 거만하고 방자한 행동이나 태도를 보인다.

유비가 한중왕(漢中王)이 되었을 무렵입니다. 유비가 관우를 전장군으로, 황충을 후장군으로 임명하자, 제갈량이 우려를 표합니다. 마초와 장비는 황충의 공로를 직접 보았으니 괜찮겠지만, 멀리 있던 관우는 달가워하지 않을 것이라면서요. 왜? 전장군 관우와 같은 반열이니까.

전장군과 후장군은 모두 사방장군의 일부입니다. 사방장군은 전장군, 좌장군, 우장군, 후장군으로 이루어져 있는데요, 형식적으로는 동등한 직위라지만 일반적으로는 전장군이나 좌장군이 후장군보다 더 높았습니다. 후한 말에는 전장군이 좌장군보다도 높았고요, 후장군은 언제나 가장 낮은 지위였습니다.

그러니 같은 사방장군이라고는 해도, 전장군인 관우는 그중에서 가장 높았고, 후장군인 황충은 그중에서 가장 낮았던 것이죠. 그런데도 제갈량이 예측한 대로, 관우는 분노합니다. "대장부는 평생 노병(老兵)과 같은 대열에 있지 않는다!"라면서, 관직조차 받으려 하지 않습니다.

이에 사자였던 비시(費詩)가 관우를 설득해야 했습니다. 다행스럽게도 관우도 비시의 설득에 넘어가 전장군직을 수행하기로 하죠. 『정사』〈비시전〉의 주 내용이 바로 여기서 관우를 설득한 데 있습니다. 그 정도로 어려운 임무였나 봅니다.

놀랍지 않나요? 유비와 관우의 사이가 아무리 돈독하다고는 하나, 주군의 임용에 딴죽을 걸 수 있다니요. 황충을 우습게 여겼다 정도로는 부족합니다. 주군인 유비조차 자신의 감정에 신경을 써주리라 믿었다는 이야기입니다.

관우가 비록 뛰어난 장수이자 한중왕의 의형제라 하더라도, 이 정도의 우대를 요구하는 것은 과한 행동이 아닐까 싶습니다. 게다가 어쨌든 명목상의 상사인 유비와 제갈량에게까지 자신의 불편한 감정을 드러내는 것은 굉장히 무례한 태도라고 볼 수 있습니다.

⑶ 사실 유비에게 딴죽을 건 일이 처음은 아니었습니다.

7. 공감 능력이 결여되어 있다. 즉 타인의 감정이나 욕구를 인정하거나 자신의 감정 또는 욕구와 같은 선상에서 보려 하지 않는다.

유표 사후, 조조가 형주를 평정했을 때의 일입니다. 유비와 관우, 장비는 조조의 예기를 피해 도망치고 있었죠. 『촉기(蜀記)』에 따르면, 관우가 이때 유비에게 화를 냈답니다. "지난날 사냥 중에 제 말을 따랐으면 오늘날의 어려움은 없었을 것"이라면서요.

무슨 이야기인가 하면, 유비가 조조에게 몸을 의탁했을 당시 함께 사냥을 갔던 적이 있습니다. 관우가 이때 유비에게 조조를 몰래 죽이자고 했는데, 유비가 이를 거절한 것이지요. 사실 당장 조조를 죽인다면 조조의 부하들이 유비를 가만히 두었을까요? 당연한 결정이었습니다.

그런데 관우가 이 이야기를 무려 9년이 지난 후, 도망치면서 꺼냅니다. 그것도 자신의 주군에게 화를 내면서요. 아마 자신이 도망치고 있다는, 그야말로 자존심 상하는 상황을 부정하고자 한 말이 아닐까요? 내 말대로 했으면 적어도 이런 꼴은 당하지 않았을 텐데, 하고요.

이미 형주를 잃고 도망치는 상황만으로도 큰 스트레스를 받고 있을 유비에게 이런 식으로 말을 하는 모습은 관우의 공감능력이 상당히 떨어져 보이는 예시라고 생각됩니다.

⑷ 주군뿐만이 아닙니다. 유비가 한중왕이 되기 두 해 전입니다. 오(吳)의 군주 손권이 사자를 보내 자신의 아들과 관우의 딸을 결혼시키자 제안하죠.

3. 자신이 특별하고 독특해서 다른 특별하거나 상류층인 사람 또는 기관만이 자신을 이해할 수 있거나, 그런 사람들과만 어울려야 한다고 믿는다.
7. 공감 능력이 결여되어 있다. 즉 타인의 감정이나 욕구를 인정하거나 자신의 감정 또는 욕구와 같은 선상에서 보려 하지 않는다.

『연의』에서 관우는 "범의 딸을 어찌 개의 자식과 혼인시키겠느냐"라며 사자후를 내뿜습니다. 물론 이는 『연의』의 대사로, 『정사』에는 나오지 않습니다. 그러나 "그 사자를 모욕하며 혼인을 허락지 않으니 손권이 대노했다"는 구절만은 『정사』에 분명히 적혀 있습니다.

현대인들의 기준으로 생각해도 혼사를 제안하는 상대에게 이와 같은 태도를 보이는 것은 엄청난 실례입니다. 그런데 지금보다도 지위고하가 분명했던 과거, 상대 측 군주의 자녀를 부하 앞에서 저렇게 모독하는 것은 경솔하기 그지없을뿐더러(공감 능력 결여), 자기 자신을 너무 높게 생각하고 있기에(자신과 자신의 자식은 손권 정도와 얽히기엔 너무 잘났다!) 나온 태도일 가능성도 있습니다. 물론 얼핏 들으면 호탕해 보일 수도 있지만, 외교 관계를 엉망으로 만드는 결과를 일으켰으니 관우의 성격에 문제가 있는 것으로 보입니다.

물론 유비와 손권의 사이가 나쁜 상태긴 했습니다. 익양(益阳) 대치와 손부인 등의 일이 겹쳐 있었거든요. 그래도 '주군께 여쭤보아야 한다' 하는 식으로 거절할 수도 있었겠지요? 어찌되었든 간에 한 세력의 수장인데요. 그런데도 관우는 사자를 모욕합니다.

『전략』에 의하면 손권 무시하기는 여기서 그치지 않습니다. 관우가 번성(樊城)을 포위했을 때, 오와 촉은 속마음이야 어떻든 간에 겉으로는 동맹을 맺은 상태였습니다. 이에 따라 손권은 관우를 도와 위를 함께 공격하기로 되어 있었죠.

손권은 망설였습니다. '촉이 번성을 함락하고 나면 오는 촉과 대적하기 어려워질 텐데, 이래도 좋을까?' 싶었겠지요. 물론 관우에 대한 개인적인 불호도 한몫 했을 테고요.

동시에 바로 그 관우를 상대할 수 있을까 고민도 되었겠습니다. 어쨌든 당시의 관우는 웹툰 〈삼국전투기〉의 저자 최훈의 말대로 "전국구 스타"였으니까요.

그래서 손권은 군을 지체시킵니다.

관우로서는 이 정도만 해도 괜찮았을 거예요. 어쨌든 관우는 이미 구원군으로 온 우금(于禁)을 붙잡은 상태였거든요. 번성은 상태가 엉망이었고요. 오가 가만히 있어만 준다면, 관우는 홀로 번성을 공략하면 되었지요.

그런데 관우는 오의 사자에게 욕을 내뱉습니다. "오소리 새끼가 감히 이렇게 나오는구나. 번성이 함락되고 나면 내가 네놈들을 멸하지 못하겠느냐!"

오소리 새끼는 손권을 칭하는 말이었죠. 이런 모욕을 듣고 참을 사내가 몇이나 되겠어요. 그것도 한 세력의 수장인데요. 손권은 이를 듣고 관우가 자신을 업신여긴다고 생각해서, 거짓으로 관우를 안심시킵니다.

그러면서도 손권은 미방(糜芳)과 사인(士仁)에게 손을 뻗습니다. 『정사』에 따르면, 미방과 사인은 관우가 자신을 업신여기는 데 원한을 품었다고 하지요. 여기에 미방과 사인이 군수 물자를 충분히 공급하지 못하자, 관우가 "돌아가면 응당 죄를 다스릴 것"이라 엄포를 놓았다고 합니다.

미방에게도 사정은 있었습니다. 남군에 불이 나 군수물자를 많이 잃었거든요. 더군다나 관우가 우금과 그의 3만 병사를 생포하면서, 책임져야 하는 입이 두 배로 늘어나 있었죠. 하지만 주군이나 동맹 세력의 수장에게도 화를 내던 관우였으니, 미방과 사인쯤을 참아줬을 리가 없습니다.

미방은 촉(蜀)의 개국공신 중 하나였습니다. 조조의 예우에도 유비를 따라나설 정도의 충신이기도 했고요. 미축과 미방 형제는 유비의 최대 후원자기도 했습니다. 미방의 누이는 유비의 부인이었고요. 그러니 유비의 근거지였던 남군을 맡게 된 것이고요.

그랬던 미방을 손권이 꼬드깁니다. 평소라면 말도 안 되었겠죠. 관우의 업신여김과 분노로 인한 나쁜 관계를, (동맹의 탈을 쓴) 적조차 익히 알고 있었다는 뜻입니다.

결국 미방을 낮잡아 보고, 그의 심리를 이해하지 못한 관우의 성격적인 문제가 화를 불러들인 것으로 해석해 볼 수 있습니다.

사서 속에 등장하는 이야기들을 전반적으로 살펴보았을 때, 자기애성 성격장애의 진단기준 중 6가지 정도의 항목이 관우의 성격과 어느 정도 맞는 모습을 보이고 있습니다.

죽음의 복선, 오만

대부분의 서양 문명권에서 휴브리스 (Hubris: 그리스어 Hybris에서 유래, 무례함을 의인화한 여신) 즉 오만은 패망의 지름길입니다. 아라크네는 신과 경쟁을 벌였다가 (무승부 혹은 승리를 거됐음에도) 비참한 죽음을 맞이했고요, 가족과 혈통에 크나큰 자부심을 가졌던 니오베(Niobe)는 레토를 모욕했다가 도합 열네 명의 자녀를 모두 잃고 말지요.

동양에서도 마찬가지입니다. 유교에서 겸손은 가장 중요한 덕목 중 하나입니다. 유학의 창시자 공자가 가장 사랑하던 제자 안연(顔淵)에게 배움의 목표를 물었을 때입니다. 안연은 "무벌선무시로(無伐善無施勞)", 즉 "능력 있음을 자랑하지 않고, 공로 있음을 뽐내지 않겠습니다"라고 답했답니다. 공자는 훗날 안연만이 유일하게 자신의 뜻을 알았다고 했으니, 이 '무벌선무시로'야말로 유학을 관통하는 주제 중 하나라 하겠습니다.

그렇게 보면 관우의 오만은 죽음의 복선이나 다름없었겠습니다. 실제로도 그렇게 되었고요. 미방과 사인의 배신으로 갈 데 없이 쫓기고 쫓기던 관우는 결국 손권에게 사로잡혀 죽으니까요.

하지만 그럼에도 중국인은 관우를 숭배했습니다. 처음에는 형주(荊州)의 지역신 혹은 불교의 보살 정도였는데요, 추후에는 재물신으로까지 추앙받습니다. 송(宋)에서는 아예 국가의 수호신이 되지요. 원(元)에서는 군신(軍神)이 되고요. 현존하는 가장 오래된 판본인 『가정본(嘉靖本)』에서 관우는 손권에게 죽는 대신, 싸우다 말고 하늘로 승천합니다. 그러니까, 소설에서부터 이미 신이 되었다는 이야기입니다.

이렇게 오만한 사람을 왜 그리도 좋아했을까요? 이문열은 자신의 『평역 삼국지』에서 이렇게 말합니다.

> 관공의 끝 모르는 자부심도 관공의 삶과 인격에 민중적인 매력을 더해주었음에 분명하다. 벌거숭이 힘의 지배를 받는 난세일수록 자부심 같은 고급한 정신의 사치는 지켜내기 어렵다. 그때그때 강자를 만날 때마다 허리를 굽혀야만 살아갈 수 있는 민중들에게는 관공의 그 터무니없는 자부심이 차라리 시원스럽게 느껴졌을 것이다. 아니, 조조와 손권 같은 인물들에게까지 "쥐새끼 같은 무리들!"이라고 서슴없이 내뱉는 관공의 그 끝 모를 자부심은 그대로 아름다움이요 신비이기까지 했을 것이다.
>
> 『이문열 평역 삼국지』

물론 사서의 내용들만 가지고 관우를 '성격장애'로 진단하기에는 많은 한계가 있습니다. 성격장애 진단을 위해서는 좀 더 많은 정보 및 관우와 정신의학과 전문의 간의 상담이 필요하겠지만, 더 자세한 관우의 일상 모습을 알아내거나 전문의와 만나게 하는 것은 현실적으로 불가능하니까요. 그러므로 성격장애 진단에 대한 부분은 어디까지나 재밌는 가설의 하나로 봐주시면 감사하겠습니다.

만약에 관우가 진정 자기애성 성격장애라면, 자신이 사후에 신으로 추앙받고 있는 상황에 대해 굉장히 만족해하고 있을지도 모르겠습니다.

06

소패왕(小霸王) 손책,
죽음을 자초하다

경계성 성격장애

    〈삼국지 영걸전〉은 유비와 관우, 장비를 주인공으로 하고 있습니다. 제법 성공을 거둔 코에이(KOEI)는 이어 제갈량을 주인공으로 한 〈공명전〉과 조조를 주인공으로 한 〈조조전〉을 출시합니다. 영걸전 시리즈는 아니지만, 대만의 게임회사 에이서(Acer)는 조운을 주인공으로 한 〈삼국지 조자룡전〉도 출시합니다.

    그렇습니다. 전부 촉이나 위의 인물이 중심입니다. 오나라가 주인공인 메이저 게임은 찾아보기 힘듭니다.

    어쩔 수 없지요. 당장 주위에 가장 좋아하는 삼국지 인물이 누구냐 물어봅시다. 신까지 된 관우가 아니면 신비로운 천재 제갈량, 언제나 믿음직스러운 조운, 근현대 들어 각광받기 시작한 조조 등의 이름이 자주 나옵니다. 간혹 최후의 승자 사마의(司馬懿)나, 빛나는 무예의 여포(呂布)도 심심찮게 순위에 등장하고요.

반면 오나라 인물은 대중적인 인기를 구가하지는 못했습니다.

오나라 자체가 약간은 애매한 위치긴 합니다. 명실상부 주인공인 촉과, 최종 보스 위 사이에 딱 끼어버린 나라. 심지어 중간에 바로 그 촉과 관우를 물 먹인 전적도 있으니, 사랑받기는 글렀지요.

그래도 그중에서 그나마 인기가 많은 인물도 있습니다. 바로 손책(오 장사환왕 손책(吳 長沙桓王 孫策), 175년~200년 음력 4월)과 주유(周瑜)입니다.

그럴 수밖에요. 사서가 인증한 빼어난 외모와 뛰어난 능력, 거기에 너무나도 이른 죽음까지, 누구에게나 호감을 살, 혹은 안타까움을 자아낼 조합이잖아요?

오나라 최고의 미남들인 손책(좌)과 주유(우). 요절한 사실을 반영하여 여러 창작물들 속에서 상당히 젊은 모습으로 묘사됩니다.

손권 치세의 소극적인 확장 정책이나, 말년의 막장 행보를 떠올리면 더욱 그렇습니다. 손책의 죽음은 오(와 그 팬덤)에 있어서는 큰 불운이었을까요?

불운은 '운수가 좋지 않음'을 뜻합니다. 운수를 국어사전에서 찾아보면, '이미 정하여져 있어 인간의 힘으로는 어쩔 수 없는 천운과 기수'라고 합니다. 그런데 손책의 죽음은 그런 운명과는 거리가 있습니다. 운이 나빠 죽은 것이 아니거든요.

적국의 책사조차 예지한 손책의 요절

조조가 원소와 일전을 치르고 있을 때입니다. 손책의 허도 습격 계획이 알려지자 조조의 진영은 크게 동요합니다. 그때 곽가(郭嘉)는 자신 있게 손책의 죽음을 예언합니다. 이유는 단순합니다. '영토를 확장하며 영걸을 많이 죽였다, 그리고 경박해서 방비를 제대로 하지 않는다.'

영걸을 많이 죽이기로는 곽가의 상사인 조조도 뒤지지 않지요. 영걸만 죽였겠어요? 여기저기서 사람을 썰고 다녔죠. 그런데도 이런 경고를 받지는 않았습니다. 실제로 본인도 천수를 누렸고요.

하지만 손책은 곽가의 예언대로, 암살을 당해 요절합니다. 다르게 표현하자면, '죽을 만해 죽었다, 즉 죽음을 자초했다'가 되겠습니다. 사랑도 많이 받았지만, 미움도 많이 사는 성격이었는데도, 너무나 자신만만해 조심성을 찾아볼 수 없었거든요.

사서 속에 묘사된 손책의 삶의 궤적을 따라가다 보면, 한 가지 의심되는 정신건강의학과적 질환이 있습니다.

바로 '경계성 성격장애(Borderline Personality Disorder)'입니다.

경계성 성격장애는 자아상, 대인관계 및 정서가 불안정하며 충동적인 특징을 갖는 성격장애입니다. 이전 '관우편'에 등장한 '자기애성 성격장애'와 함께 B군에 속하는 성격장애이기도 합니다.

경계성 성격장애를 지닌 사람은 스스로나 타인에 대한 평가가 일관되지 않고 변화무쌍한 모습을 보이곤 합니다. 말 그대로 경계를 왔다 갔다 하는 것이죠. 아울러 이 질환을 지닌 환자는 대체적으로 자존감(self-esteem)이 낮으며,[1] 정서 상태가 정상에서부터 우울, 분노를 자주 오가며 충동적이기 때문에 자해나 자살 행위도 자주 나타난다고 합니다.

경계성 성격장애의 평생 유병률은 1퍼센트 정도로, 의존성 인격장애(dependent personality disorder, C군에 속함)와 함께 성격장애 중 임상에서 가장 빈도가 높게 나타난다고 알려져 있습니다.

임상에서는 여성 환자가 더 많다고 알려졌으나, 최근의 역학조사를 보면 성별 차이는 나타나지 않는다고 합니다. 아마도 여성 환자가 좀 더 치료 기관을 잦게 방문하기에 여성 비율이 높다고 알려졌던 것이 아닐까 싶습니다.

미국정신의학회(American Psychiatric Association)의 진단기준(DSM-IV-

TR)은 다음과 같습니다(초기 성인기부터 진단 가능하며 대개 40세 이전에 진단됩니다).

대인관계, 자아상 및 정동의 불안정성과 현저한 충동성의 광범위한 형태로 성인기 초기에 시작되며 여러 상황에서 나타나고, 다음 중 다섯 가지(또는 그 이상) 항목을 충족시킬 경우에 경계성 성격장애로 진단할 수 있습니다.²

1) 실제적 혹은 상상 속에서 버림받지 않기 위해 미친 듯이 노력함. [주: 5번 기준에 있는 자살이나 자해행위는 포함하지 않음.]
2) 과대이상화와 과소평가의 극단 사이를 반복하는 것을 특징으로 하는 불안정하고 격렬한 대인관계의 양상.
3) 주체성 장애: 자기 이미지 또는 자신에 대한 느낌의 현저하고 지속적인 불안정성.
4) 자신을 손상할 가능성이 있는 최소한 두 가지 이상의 경우에서의 충동성(예: 소비, 물질 남용, 좀도둑질, 부주의한 운전, 과식 등). [주: 5번 기준에 있는 자살이나 자해행위는 포함하지 않음.]
5) 반복적 자살 행동, 제스처, 위협 혹은 자해 행동.
6) 현저한 기분의 반응성으로 인한 정동의 불안정(예: 일반적으로 수시간 동안 지속되며 드물게는 수일간 지속되기도 하는 격렬한 삽화적 불쾌감, 과민성 불안)

7) 만성적인 공허감.

8) 부적절하게 심하게 화를 내거나 화를 조절하지 못함(예: 자주 울화통을 터뜨리거나 늘 화를 내거나, 자주 신체적 싸움을 함).

9) 일시적이고 스트레스와 연관된 피해적 사고 혹은 심한 해리 증상.

앞서 관우 편에서 말씀드렸던 대로, 사서의 내용만을 바탕으로, 그리고 직접적인 전문가와의 상담 진료 없이 성격장애를 완벽하게 진단하기는 불가능합니다. 그러나 위의 진단 기준을 활용하여 사서에 언급되는 손책의 행위를 분석하고, 진단을 추측해볼 수는 있겠습니다. 이제 사서 속에 등장하는 손책의 모습을 의사의 입장에서 조금 더 자세히 살펴보겠습니다.

극단적인 성격, 그럼에도 하늘을 찌르는 인기

곽가에게 경박하다며 신랄하게 까이는 인물이긴 하지만, 손책은 인간적인 매력만큼은 분명히 있었습니다. 아니라면 그 젊은 나이에 영걸이라는 평을 얻지도, 손오라는 한 국가의 기틀을 닦지도 못했겠지요.

원술(袁術)부터가 그랬습니다. 『연의』에서의 기술과는 달리, 원술은 손책을 무척이나 총애했어요.

손책의 아버지이자 훗날 동오의 추존 황제가 되는 손견(孫堅, 156년?~192년?)은 원술의 부하였습니다. 『연의』에서는 독립 군벌로 격상되었지만, 실제로는 군사적 재능이 부족했던 원술을 대신해 영토를 늘리던 장수 중 하나였지요. 최후도 원술의 명에 따라 유표를 공격했다가 난전 중에 전사한 것이었죠.

열여섯의 나이에 손견을 따라 종군했던 손책은 아버지의 시신을 수습해 장사를 지냅니다. 이어 열아홉이 되었을 때, 아버지의 뒤를 이어 원술의 수하가 됩니다.

원술은 손책의 남다름을 알아보았던 모양입니다. "이 원술에게 손랑 같은 자식이 있다면, 죽어서도 무슨 한이 있겠는가!"라고 말한 기록이 있을 정도입니다.

1) 실제적 혹은 상상 속에서 버림받지 않기 위해 미친 듯이 노력함.

원술이라는 인물에게 잘 보이기 위해 엄청나게 노력했기에 위와 같은 평가를 받았던 것일 수도 있습니다.

한번은 손책의 병사 하나가 죄를 짓고는 원술의 진영으로 도망쳐 숨었습니다. 손책은 사람을 시켜 병사를 끌어내 참수했습니다. 그러고 나서야 원술에게 사과했고요. 허락도 없이 주군의 진영에서 병사를 끌어내서 참수한다니, 있을 수 없는 일입니다. 그런데도 원술은

"반란을 일으킨 병사가 잘못했는데 왜 사과하느냐"며 손책의 편을 들어요.

여기서 갈등이 시작됩니다. 손책은 태수직을 간절하게 원했어요. 아마 태수에게 징병권과 군사권이 있었기 때문이겠지요. 태수는 임지에서 군대를 편성해, 밖으로 출정할 수 있었거든요.

반면 원술은 손책을 멀리 보내려 하지 않습니다. 원술이 손책을 신뢰하지 않아서, 혹은 질투해서 그랬다는 해석도 있습니다. 『연의』에서도 그런 묘사가 있고요. 하지만 그 반대가 아닐까 싶기도 합니다. 그렇게나 귀애하던 손책을 끼고 살려 했다고요.

조조도 그런 적이 있습니다. 협천자에 성공한 후, 종제 조인을 광양태수로 삼아놓고 의랑(천자의 고문)으로서 허도에 남겨둔 것이지요. 광양태수로 삼은 것도 그만한 지위를 주기 위해서일 뿐입니다. 광양은 당시 공손씨 혹은 원씨의 세력권이었기 때문에, 실제로 광양을 통치할 수는 없었어요.

물론 원술이 잘했다는 말은 아닙니다. 어쨌든 손책을 거듭 실망시켰으니까요. 구강태수로 삼으려다가 마음을 바꾼 시점까지는 뭐, 그럴 수 있지요. 손책이 아직 제대로 된 공을 세우기 전이니까요. 문제는 다음입니다.

손견이 낙양의 우물에서 전국옥새를 습득하는 장면을 묘사한 그림.

원술은 당시 여강태수 육강(陸康, 육손의 외조부)에게 감정이 상한 상태였습니다. 군량을 청했는데 거부당했다는 이유였죠. 이에 손책에게 육강을 공격하라 명합니다. 육강을 무찌르면 여강태수로 삼겠다고요.

『정사』에 따르면 당시 손책도 육강에게 원한이 있었습니다. 일전에 육강을 만나러 갔는데, 육강이 만나주는 대신 주부(문서나 기록을 담당했던 관리. 그 유명한 '계륵' 사건이 있었던 한중공방전 당시 양수의 직책)를 시켜 손책을 접대하게 했거든요.

만남을 청했는데 거절당했으니 기분이 나빴기는 했겠지요. 더군다나 과거, 손책의 아버지 손견이 육강의 조카를 구해준 적도 있으니 더더욱요. 그렇다고는 하지만 원한이 있었다고 사서에 적힐 정도라니, 조금 과하지 않나 싶기는 합니다. 만남을 거절당하자 삼고초려를 해버린 유비와는 너무나 다르지요.

어찌되었든 간에 손책은 이 원한을 풉니다. 육강을 쫓아내고 여강을 점령했거든요. 육강의 일족 백여 명 중 절반은 기아에 시달리다 죽을 정도였다고 합니다.

2) 과대이상화와 과소평가의 극단 사이를 반복하는 것을 특징
   으로 하는 불안정하고 격렬한 대인관계의 양상.

원술의 명령이 있었다고는 하지만, 만나주지 않았다는 이유 하

나만으로 육강을 쫓아내고 일족들이 기아에 시달리다 죽게 만들 만큼의 원한을 품었다는 점도 상당히 기이합니다. 단순히 잔혹하다거나 성격이 유별나다고 보기엔 극단적인 반응이죠.

하지만 원술은 약속을 어기고 다른 사람을 태수로 임명합니다. 손책이 화날 법도 합니다. 아마 이때쯤 독립을 결심하지 않았나 싶습니다.

1) 실제적 혹은 상상 속에서 버림받지 않기 위해 미친 듯이 노력함.

열심히 노력하는데 버림받는 기분을 느끼게 하다니…. 여러모로 손책의 마음이 원술로부터 떠날 수밖에 없는 상황이 됩니다.

조정이 직접 임명했던 관리 유요(劉繇)가 원술의 세력권인 단양에서 손책의 친인척인 오경(吳景)과 손분(孫賁)을 쫓아내자, 손책은 원술에게 참전을 청합니다. 원술도 이를 허락해 손책은 천여 명의 병사를 이끌게 되었어요. 그뿐 아닙니다. 따르기를 원했던 빈객이 수백 명이었답니다. 역양에 도착했을 때는 오륙천 명의 병사를 얻었다니, 엄청난 매력이 느껴집니다. 손책의 오랜 친구 주유도 이때 합류하지요.

『정사』에서는 이때쯤의 손책이 "용모와 얼굴이 빼어나고, 우스갯소리를 좋아하며, 성품이 활달하면서도 남의 의견을 잘 들어주고,

사람을 기용하는 데 뛰어났다"고 합니다.

재치 있고 활발하며 잘생긴 청년 장수의 모습이 그려집니다. 그런 청년 장수에게 백성들은 푹 빠져 있었지요.

"손책을 만난 선비와 백성 중 진심을 다하지 않는 자가 없었으며, 손책을 위해 기꺼이 죽었다"는 『정사』의 기록을 보면 정말 어지간히 인기가 많았던 모양입니다. 심지어 백성들이 앞을 다퉈 고기와 술을 바쳤다고도 합니다. 손책도 군이 약탈하지 않게끔 조심했고요.

그뿐 아닙니다. 싸움도 잘해, 태사자(太史慈)와의 싸움은 『정사』에도 나오는 몇 안 되는 일기토가 되었습니다. 태사자는 이때 손책에게 매료되어, 남은 평생을 동오의 장수로 살다 죽습니다. 군사적 재능에서는 타의 추종을 불허할 정도라, 유요군을 어렵지 않게 격파했습니다.

이어 손책은 왕랑(王朗)과 왕성(王晟)을 격파합니다. 이때 왕랑은 명성이 있어 죽이지 않았답니다(후환 1). 왕랑은 유랑 끝에 조조군에 임관합니다. 손녀 왕원희(王元姬)는 사마소(司馬昭)의 아내가 되어 진(晉)의 초대 황제인 사마염(司馬炎)을 낳고요. 손오를 멸망시킨 사람이 바로 이 사마염입니다.

왕랑과 달리 왕성은 명성이 부족했던 모양입니다. 하지만 손견과의 인연이 있어, 손책의 어머니 오씨가 왕성과 일족의 주살을 말렸다고 합니다. 이미 왕성의 형제와 자식이 다 죽었다면서요.

여기서 손책은 독특한 선택을 합니다. 아버지의 친구였던 왕성은 살려주면서도, 왕성의 나머지 일족을 주살했어요.(후환 2). 왕성의 나이가 이미 많으니 복수하기는 어려웠겠습니다만, 그래도 후환을 남기는 방식의 일처리가 아닐까 싶습니다.

바로 그 '조조'조차 자신을 거하게 배신했던 진궁(陳宮)의 가족만은 살려주었는데 말이죠.

"미친개와는 예봉을 다투기 어렵다"

회계(會稽)를 평정한 손책은 엄백호(嚴白虎)를 공격하러 떠납니다. 코에이 〈삼국지〉에서 고난이도 플레이를 할 때 선택하게 되는 군주 중 하나인 바로 그 엄백호입니다. 『연의』에서는 '동오의 덕왕'이라는 거창한 호칭을 자칭한 데 반해, 너무나 한심한 모습만 보여주다가 손책에게 패배하며 컬트적인 인기를 끌었습니다.

사실 『정사』에서도 인상적인 활약을 보여주지는 않았어요. 하지만 전개 과정은 『연의』와 다릅니다.

엄백호는 아우 엄여(嚴輿)를 보내 화친을 청했는데요, 손책 역시 이에 응해 단독 대면이 성사됩니다. 만나게 되었을 때, 손책은 뜬금없이 날이 시퍼런 칼을 빼 들고 책상을 부숩니다. 이에 엄여는 당황해서 몸을 움찔거립니다. 그러자 손책은 엄여가 무능하다고 판단, 손에 쥔 창을 엄여에게 날립니다. 엄여는 선 채로 죽음을 맞이했지요.

아무리 고대라 한들, 사자(使者)를 죽이는 것은 예의가 아닙니다. 심지어 화친을 도모하기 위해 만났던 사자인데요. 게다가 엄여는 잘못을 저지르지도 않았습니다. 무엇보다, 누군가를 무능하다는 이유로 죽인다는 것이 평범한 사고방식일까요?

2) 과대이상화와 과소평가의 극단 사이를 반복하는 것을 특징으로 하는 불안정하고 격렬한 대인관계의 양상.

갑자기 사람을 놀래어놓고 나서 상대방이 움찔거린다고 '무능'하다는 평가를 내린다니…. 제가 엄여여도 움찔거리다 손책에게 창을 맞았을 것 같습니다.

용맹했던 아우 엄여가 죽은 것을 알게 된 엄백호는 두려움에 떨다가 격파당하고는 허소(許昭)에게로 도망갑니다. 이때 손책은 (옛 벗인 엄백호를 돕는) 허소가 의로운 사람이라며 공격하지 않기로 합니다(후환 3).

이 부분도 뜬금없이 허소는 의로운 사람이라 칭찬하고 공격하지 않는 것을 보면, 사람에 대한 판단 기준이 일관되기보다는 극단적인 양상을 보이는 것으로 생각할 수 있습니다.

오래지 않아 원술이 황제를 참칭합니다. 손책은 원술에게 절연장을 보내고, 조조의 반(反)원술 연합에 들어갑니다. 이때 같은 연합의 진우(陳瑀)와 엄백호가 손책을 공격할 계획을 세웁니다. 손책은 이를 알아차리고는 진우를 대파하고, 항복한 엄백호를 죽입니다.

사실 엄백호는 도교 선보(仙譜)인 〈진령위업도(眞靈位業圖)〉에 따르면 신선으로 섬김을 받았던 인물입니다. 그만큼 인망이 깊었다는 뜻입니다. 그랬던 엄백호 형제를 죽이다니, 속된 말로 깡도 좋습니다(후환 4).

한편 진우는 원소에게로 도망갔습니다. 이때 진우의 조카인 진등(陳登)이 복수를 맹세합니다(후환 5).

이후 손책은 여강태수 유훈(劉勳)에게로 시선을 돌립니다. 당시 유훈은 군량이 부족했는데요, 손책은 유훈과 거짓으로 동맹을 맺은 후 상료(上繚)에서 군량을 얻을 수 있다는 정보를 제공합니다. 유훈은 병사를 이끌고 상료로 갔는데….

이는 함정이었습니다! 손책은 주유와 함께 비어 있던 유훈의 본거지 환성을 재빨리 공략하고, 유훈에게 의탁했던 원술의 일가족을 사로잡습니다.

원술의 아들 원요(袁燿)는 낭중령(郎中令)이 되었고요, 원술의 딸은 손권의 후궁이 되어 많은 총애를 받았습니다. 원술에게 원망이 있어 배신했던 것 치고, 그 가족은 제법 잘 대해주었던 모양입니다. 속임수를 쓰기는 했지만, 난세니 그럴 수도 있겠다 싶습니다. 문제는 그 다음입니다.

손책과 주유는 여기서 바로 그 유명한 미녀 자매, 교공(橋公)의 두 딸인 대교(大喬)와 소교(小喬)를 포로로 잡았다가 아내로 삼습니다.

'강동이교'라고 불린 미녀 자매, 대교와 소교

(『연의』에서는 적벽대전이 발발하기 전, 제갈량이 주유의 분노를 자극해 손권의 참전을 유도하려고 조조가 자신이 지은 〈동작대부〉에 대교와 소교를 탐하고 싶다는 내용을 집어넣어서 불렀다고 합니다. 교 자매의 미모를 강조하기 위해, 그리고 적벽대전의 드라마틱함을 강화하기 위해 창작한 에피소드겠지요.) 약탈혼이라고도 볼 수 있겠습니다. 당사자는 물론, 당사자의 아버지에게 허락도 받지 않은 주제에 손책은 주유에게 태연하게 장난을 치며 말합니다.

"교공은 비록 이제 두 딸이 떠돌게 되었지만, 그래도 우리 두 사람을 사위로 삼았으니 어찌 기쁘지 않겠는가?"

떠돌게 되었다는 것은 아버지를 떠나 멀리 시집을 가게 되었다는 이야기입니다. 교공 입장에서는 갑작스레 들이닥친, 호전적인 외지인에게 두 딸을 뺏긴 셈입니다. 그런데도 '우리 같은 사위를 얻었으니 기쁘겠다'며 우스갯소리를 던진 것이지요(후환 6).

물론 손책이나 주유나 알아주는 미남이기는 했습니다만… 아무리 절세미남이라고 납치-약탈혼마저 용서할 수는 없잖아요?

그래도 손책을 막을 사람은 없었습니다. 조조마저도 "미친개 같은 아이와 예봉을 다투기 어렵다"며 본인의 조카와 손책의 아우를 혼인시키고, 아들 조창과 손책의 오촌 조카를 혼인시킵니다. 물론 원소와의 일전 때문에 여유가 없었기는 하지만, 바로 그 조조마저도 꼬리를 내렸던 셈입니다.

낮은 자존감은 후환을 남기고

이런 상황이니, 자신감이 하늘을 찔렀겠지요. 고대(高岱)를 죽인 일도 그래서가 아닐까 싶습니다.

고대는 원래 명망 높은 선비로, 『좌전(左傳)』에 특히 정통했습니다. 손책은 고대에게 『좌전』에 대한 강론을 받고자 했는데요, 손책의 부하 중 한 명이 고대를 미워했던 모양입니다. 고대가 오기 전, 손책에게 "고대는 장군께서 단지 무력만 있는 무장이라 생각할 뿐이어서 『좌전』을 논하게 되면 무조건 모른다고 답할 것"이라고 말해둡니다.

동시에 고대에게는 "주군께서는 지는 것을 싫어하니, 모든 질문에 답한다면 위태로워집니다"라고 경고했고요.

고대는 손책의 자존심을 살려주기 위해 간혹 모른다고 답했습니다. 손책은 부하의 말이 사실이구나 싶어 분노해 고대를 가두었고요. 고대의 의도와는 달리, 자존심이 상한 것이지요.

그 후 누각에 오른 손책은 고대의 구명을 간청하는 사람들로 가득 찬 마을을 보게 됩니다. 고대에게 쏠린 민심을 견디지 못한 손책은 고대를 죽여버립니다. 엄청난 질투심이지요.(후환 7).

> 2) 과대이상화와 과소평가의 극단 사이를 반복하는 것을 특징으로 하는 불안정하고 격렬한 대인관계의 양상: 명망 높은 선비라고 평가했다가, 질문에 답하지 않았다는 이유만으로 자신을 무시하는 간악한 놈이라고 판단.
>
> 6) 현저한 기분의 반응성으로 인한 정동의 불안정(예: 일반적으로 수시간 동안 지속되며 드물게는 수일간 지속되기도 하는 격렬한 삽화적 불쾌감, 과민성 불안).

고대가 자신을 무시하고 있다는 것에서 시작된 격렬한 분노 및 고대를 구명하는 백성들의 모습을 보고 급격히 발생한 불쾌, 불안감 등이 뒤섞인 끝에 고대를 죽여버리는 결정을 내리는 손책의 모습은 낮은 자존감과도 연관되어 보입니다.

이렇게 비교적 세력이 약한 상대들과의 다툼에서 이겨왔던 손책에게 큰 무대가 펼쳐집니다. 조조와 원소의 결전이 시작된 것이죠. 손책은 이 틈을 타 허도를 급습하고자 했습니다.

성사되었다면 조조에게는 엄청난 위협이 되었겠지요. 이때 허공(許貢) 역시 손책의 힘이 커지는 것을 달갑지 않게 여기고 있었습니다.

허공은 원래 오군(吳郡)태수였는데, 손책의 부하 주치(朱治)에게 패배해 엄백호에게 의탁했다가, 엄백호가 죽으면서 손책의 부하가 된 경우거든요. 진심으로 복종하지 않았던 셈입니다(후환 8).

헌제에게 '손책을 불러들이라'는 서신을 보낸 것도 그 때문입니다. 이 서신을 입수한 손책은 허공을 교살했습니다. 허공의 어린 아들과 빈객은 강변으로 도망쳐 숨었다고 합니다(후환 9).

이 부분은 더 이상의 자세한 묘사가 없어서 손책의 성격적인 문제로 인한 상황이라고 딱 잘라 이야기하긴 어렵지만, 손책이 경계성 성격장애를 가진 것이 맞다면 허공이 자신을 진심으로 섬긴 것이 아니라는 사실에 대해 큰 배신감과 분노를 느껴 군법에 따른 정식 처형인 '참수'가 아닌 교살을 해버린 것 아닐까 싶습니다. 그리고 그 배신감과 분노의 여파로 판단력이 흐려져 허공의 빈객과 아들을 놓쳐버린 것일 수도 있고요(물론 처음엔 잡아 족치려고 하다가 얼마간 시간이 지난 후엔 특유의 변덕에 의해 '어린아이까지 해치는 것은 군자답지 못하다…'라는 결론에 이르렀을지도 모릅니다).

이처럼 허공을 처리한 손책은 북상을 시작합니다. 가장 먼저 맞부딪친 상대는 광릉의 진등이었습니다. 진우의 조카로서 복수를 맹세했던 바로 그 진등입니다. 그러나 앞서 남겨두었던 수많은 후환이 손책의 뒤를 잡고 맙니다.

여기서 기록이 갈리는데요, 『건강실록(建康實錄)』에 따르면 진등이 엄백호의 잔당을 보내 손책의 암살을 시도했답니다. 진등은 조조의 부하였으니, 곽가의 예언이 실은 계획이었다는 반전이 되겠습니다.

반면 『강표전(江表傳)』에 따르면 암살 시도의 주체는 허공의 빈객들이었습니다. 사냥을 나갔던 손책이 사슴을 쫓다 홀로 떨어졌을 때의 일이랍니다. 한 세력의 수장이 사냥을 나갔다가 홀로 떨어졌다니, 매우 부주의했음을 알 수 있습니다. 화살 중 하나는 손책의 뺨에 맞았다고 하니, 『오력(吳歷)』에 나오는 얼굴의 상처 이야기와도 통합니다.

4) 자신을 손상할 가능성이 있는 최소한 두 가지 이상의 경우에서의 충동성(예: 소비, 물질남용, 좀도둑질, 부주의한 운전, 과식 등).

고대 중국에 살던 인물이기에 현대적인 기준인 '두 가지 이상의 경우에서의 충동성'이란 점을 보여주기에는 조금 애매할 수 있으나, 일국의 군주에 해당하는 인물이 사냥에 흥분해서 몸을 사리지 않고 부하들과 떨어져 고립되고 암살의 위험에 노출되었다는 점에서 이에 해당하지 않을까 싶습니다.

사치와 향락에 탐닉하였다는 사서 속의 내용은 없긴 합니다만, 워낙 이른 나이에 사망하여 그러한 유혹에 빠져들 시간이 부족했을 수도 있겠지요(훗날 동생인 손권이 알코올 중독이 된 것을 보면 나름 가능성이 있어 보이기도 합니다).

어느 쪽이든, 손책은 살아남습니다. 치명상을 입었는데도요.

이때 도사 우길(于吉)이 탁문 아래에 찾아왔답니다. 여러 장수와 빈객의 3분의 2가 누각을 내려가 우길에게 절했다고 하는데요, 손책은 우길을 잡아 가둡니다. 어머니 오씨가 우길의 구명을 청하자, 손책이 직접 우길을 잡은 이유를 밝힙니다.

> 이 요망한 자는 뭇사람의 마음을 현혹해, 여러 장수들이 군신의 예를 등한시한 채 이 손책을 내버리고 누각 아래로 내려가 절하게 했으니, 없애지 않을 수 없습니다.

네, 자신을 뒤로 한 채 우길에게 절했다고 화났다는 이야기 되겠습니다. 손책은 이때 황제는커녕 왕도 아니었습니다. 그런데도 백성들이 우길을 더 공경한다며 화를 낸 것입니다.

우길은 이때 나이가 거의 백 세에 이르렀습니다. 『예기(禮記)』에 따르면 어린아이와 노인에게는 형을 가하지 않습니다. 그런데도 손책은 우길을 죽였습니다.

『수신기(搜神記)』에 따르면 손책은 거울에서 우길의 혼을 보았다가 죽었답니다. 『연의』에서도 이 일화를 차용하죠. 다만 『수신기』는 어디까지나 지괴소설(志怪小說), 즉 괴담집입니다. 아마 우길이 죽은 지 얼마 되지 않아 손책이 죽어 나온 괴담이겠지요.

"내 얼굴이 이 지경인데…"

하지만 실제 죽음도 당황스러운 수준입니다.

암살 미수로 부상을 입은 후의 일입니다. 의원(『오력』의 기록에 따르면 화타의 제자)이 치료는 할 수 있지만 백 일 동안 움직이지 말라 당부했답니다.

그런데 거울을 본 손책이 책상을 치며 "내 얼굴이 이 지경인데 어떻게 공을 세우고 대업을 이루겠느냐!"라며 분노했답니다. 그러더니 상처가 모두 파열되어 그날 밤 죽었다고 합니다. (의사 말을 귓등으로도 듣지 않는다는 점에서는 관우 못지않았던 환자인 셈이죠.)

5) 반복적 자살 행동, 제스처, 위협 혹은 자해 행동: '반복'이라는 것을 관찰할 기회는 없으나 일종의 자해 행동이 의심되는 이벤트

8) 부적절하게 심하게 화를 내거나 화를 조절하지 못함(예: 자주 울화통을 터뜨리거나 늘 화를 내거나, 자주 신체적 싸움을 함): 상처가 파열될 만큼의 분노

9) 일시적이고 스트레스와 연관된 피해적 사고 혹은 심한 해리 증상: 아직 앞날이 창창한 젊은 나이임에도 불구하고 부상으로 인해 자신의 미래가 끝났다고 생각하는 피해적인 사고

이 이야기에 따르면 손책은 외모 손상(자세한 묘사가 없어 실제로 안면 부위에 비가역적인 손상이 일어난 것인지 아니면 큰 부상으로 인해 전반적인 외모 상태의 저하가 일어났다는 것인지 정확하게 판단하기는 힘들지만…) 이후 매우 극단적인 반응을 보였습니다.

자신을 치료해준 의사가 100일 동안 절대 움직이지 말라고 한 의학적 권고를 무시한 채 몸을 움직이고 화를 내는 것은 진단 기준 5번에 속하는 위협이나 자해 행동으로 볼 수 있습니다. 사서에 기록되었다는 것은 목격자가 있다는 것이고, 남들이 보는 앞에서 자해 행동을 하고 사망에 이른 것은 높은 자살 시도 경향을 보이는 경계성 성격장애의 특성에서 기인했을 가능성이 있습니다.[3] 손책이 20대에 사망했기에 만약 그가 더 오래 살았다면 이후에도 자신을 힘들게 하는 큰 고비가 있을 때마다 '반복적인 자해 행동'을 보였을지도 모릅니다.

사서의 내용에는 분노하다가 상처가 파열되었다고 표현되어 있기에 실은 아주 적극적인 자해 행동을 하지 않았을지도 모릅니다. 그러나 자해 행동까진 벌이지 않았다 하더라도 절대 안정을 취해야 할 수술 후 환자가 상처가 파열될 만큼의 행동을 했다는 것은 참으로 충격적입니다. 손책이 상처를 입은 부위가 어디라고 정확하게 기술되어 있지는 않지만, 암살 시도로 인한 난전의 와중이었고 구조된 이후 팔다리가 다쳤다는 언급은 크게 없고 의식을 잃었다거나 호흡이 안 된다는 묘사 역시 없는 것을 보아 주로 부상을 당한 부위는 외모와 관련된 '얼굴(뇌손상은 없는 안면부)'과 '복부'였을 가능성이 높습니다.

손책이 복부에 큰 상처를 입었던 것이라면, 분노의 소리 지름으로 인해 '복압'이 올라가 상처의 파열이 일어났을 것입니다.[4] 기껏 어려운 수술 끝에 환자를 살려 놓았던 의사는 손책의 황당한 사망 소식에 허탈함을 금하지 못했겠죠.

손책이 현대의 병원에 입원한 환자였다면, 손책의 수술을 담당했던 주치의는 수술 후에 진정(sedation) 및 결박(Restraint: 환자의 움직임이나 몸에 대한 접근을 제한하여 의학적 상태를 호전시키거나 부작용을 예방하는 치료행위로 정의할 수 있으며, 결박에는 물리적 도구를 이용한 신체적 결박과 약물(안정제, 마취제, 근육 이완제 등)을 이용한 화학적 결박이 있음)과 같은 방법을 선택해야 했을 것입니다.[5] 큰 수술을 방금 마친 환자가 마구 움직이는 것은 환자의 회복에 위해가 되기에 의사는 그러한 상황을 피하기 위한 최선의 노력을 기울였을 것입니다.

어쨌든 외모의 손상이 손책 사망의 가장 큰 원인이었다면, 그가 고대 중국에 살았던 사람이란 점이 더욱 안타까워집니다. 만약 손책이 현대의 성형외과 의사를 만날 수 있었다면 재건술과 같은 치료를 받아 외모와 자신감을 상당히 회복할 수 있지 않았을까요? 약간의 흉터가 남았더라도 현대의 화장 기술이면 상당히 커버가 되었을지도 모릅니다.

한편으로는 손책이 경계성 성격장애의 성향을 지니지 않았다면, 자신의 외모 손상에 대해 이 정도로 극렬한 반응을 보이지 않았을 수도 있고, 충분한 안정가료 끝에 무사히 회복했을 가능성도 있습니다. 그렇다면 『삼국지』 속의 역사는 조금쯤 그 흐름이 바뀌었을지도 모르지요.

어쨌든 『정사』 속의 손책은 자신이 죽인 엄백호 혹은 허공의 잔당에게 죽었습니다. 하지만 꼭 두 사람이 아니더라도, 손책에게 원한을 가진 사람은 많았습니다. 그런데도 곽가의 평대로 조심성 없이 계속해 후환을 만들고 다녔지요.

최후조차 마찬가지입니다. 의원의 말대로 하면 살 수 있었던 것을, 제 성격을 이기지 못하고 화를 내다 죽었습니다. 게다가 저 사건에서 살아남았더라도 언젠가는 다시 암살을 당했을지도 모를 일이지요. 그만큼 후환이 많았으니까요.

사람들은 손책을 소패왕(小霸王)이라 불렀다고 합니다. 패왕 항우(項羽)와 견주는 용맹을 지녔다면서요.

한신(韓信)은 항우에 대해서 이렇게 평합니다. "항우가 화를 내며 큰소리를 내면 모두가 그 앞에 엎드리지만, 어진 장수를 믿고 일을 맡기지 못하니 이는 그저 보통 남자의 용맹에 지나지 않습니다. 항우가 사람을 대하는 태도는 공손하고 자애로우며 말씨 역시 부드럽습니다. 누군가 병에 걸리면 눈물을 흘리며 음식을 나누어 줍니다. 그러나 부하가 공을 세워 벼슬을 주어야 할 경우가 되면 인장이 닳아 깨질 때까지 만지작거리며 선뜻 내주지 못하니, 아녀자의 인자함일 뿐입니다."

소패왕 손책 역시 항우와 비슷합니다. 분명 용맹스럽습니다. 군사적 재능도 빼어났습니다. 매력도 상당해, 수많은 빈객과 장수, 백성의 마음을 얻었습니다. 너그러움을 보여준 적도 많습니다. 어떻게 보면 이상하다 싶을 정도로 관용을 베풀었습니다. 뜬금없이 적을 용서해 살려준다거나, 공격을 멈춘다거나 하는 식으로요.

그러면서도 별 것 아닌 일에는 자신을 무시한다며 불같이 화를 내고, 과도하게 반응했습니다. 그렇게 후환을 수도 없이 남겼습니다. 이러니 손책의 죽음의 원인은 '불운'보다는 성격장애에 의한 '필연'에 가깝지 않았나 싶습니다.

07
서주(西周)의 진등, 회를 즐기다

먹지 말라는 것을 먹으면

"두 발 달린 건 사람 빼고, 네 발 달린 건 책상과 의자 빼고 다 먹는다"는 우스갯소리, 들어보셨나요?

중국의 식문화를 표현하는 문장입니다. 그만큼 고기 요리가 발달했다는 뜻이겠지요. 두 발 달린 것부터 그렇습니다. 궁보계정, 라조기, 깐풍기…. 중국은 아무래도 닭 요리에 진심인 모양입니다.

닭 요리는 『삼국지』와도 인연이 깊습니다. 하후연의 복수를 위해 '귀 큰 놈의 한중'을 침공한 조조. 하지만 전황(戰況)은 생각만큼 잘 풀리지 않습니다. 고민하던 조조는 "계륵(鷄肋)", 즉 닭갈비라는 영을 내립니다.

뜬금없는 소리에 모두가 당황하던 그때, 오로지 양수(楊脩)만이 군장을 꾸리며 회군할 준비를 합니다. 사람들이 왜 그러냐고 묻자,

양수는 답합니다. "무릇 계륵은 버리기에는 아깝고 먹기에는 얻을 살이 별로 없으니, 대왕께서는 이를 한중에 비유하신 것입니다. 그래서 왕께서 환군하고자 한다는 것을 알았습니다."

양수가 이 때문에 처형되었다는 것은 『연의』의 각색이나, 조조가 "계륵"이라는 영을 내렸다는 것은 사서 『구주춘추(九州春秋)』에도 나온 실화입니다. 아마 영을 내릴 당시 닭고기를 먹고 있지 않았을까 싶습니다. 실제로 조조는 닭고기를 좋아했거든요. '조조닭'이라는 요리가 있을 정도입니다.

밤낮으로 일에 치인 조조가 두풍(頭風)으로 자리에 몸져눕게 되었을 때입니다. 오늘날로 따지자면 취사병 한 명이, 군의관의 제안에 따라 현지의 토종닭에 약재와 술 등을 넣어 통닭 요리를 만들었답니다. 그 닭을 먹은 조조는 금방 병상에서 일어났고, 그 후로도 몸이 피로할 때면 이 요리를 찾았습니다. 건강식으로 만든 이 닭 요리는 조조의 이름을 따 '조조닭(曺操鷄, Caocaoji)'이 되었는데요, 오늘날까지 합비(合肥)의 명물 요리로 유명합니다.

이 요리에 대해 "불그스름한 닭고기가 기름기 반지르르하고 고기 맛이 고소하며 모양이 예쁘다. 통닭을 먹으려고 닭다리를 들면 뼈가 스스로 물러나고 고기를 맛보면 연한데 맛의 여운도 은은하게 오래 간다"라고 묘사되어 있습니다.

물론 후한 말 사람들이 닭만 먹었을 리 만무합니다. 그렇다면 또 무슨 요리를 먹었을까요?

삼국시대 사람들은 무엇을 먹었나

관련 사서에는 고기에 대한 기록이 종종 등장합니다. 일반적으로는 요리법보다 통상적인 '사냥을 나가느라 혹은 제사를 지내느라' 고기를 잡았다, '검소하여' 고기를 먹지 않았다 또는 '사치스러워' 고기에 질렸다 등의 이야기지요. 『후한서』〈동탁열전〉을 보면, 동탁이 죽자 "장안의 선비와 부인들이 금은보화를 팔아 술과 고기를 마련해 잔치를 벌였다"는 내용도 있으니, 고기는 잔치에서의 필수 메뉴였을지도 모릅니다.

재미있는 표현도 하나 있는데요, 채옹(蔡邕)이 하진(何進)에게 변양(邊讓)을 추천하면서 한 말입니다. "책에 이르기를 '소를 삶는 솥에 닭을 삶으면 물을 많이 넣어 묽어져서 먹을 수가 없거나, 물을 적게 넣어 타서 먹을 수가 없다'고 하였습니다. 큰 그릇을 작은 일에 써 버리니 마땅치 않게 사용한 셈입니다. 이런 보배와 같은 솥에 제사용 소를 넣어 제사상에 올릴 소고깃국을 끓이는 대신, 저민 고기를 오랜 시간 한가로이 볶아서 졸이고 있으니 이 채옹은 근심하며 분하게 여길 뿐입니다."

할계우도(割鷄牛刀) 혹은 우도할계(牛刀割鷄), 즉 닭 잡는 데 소 잡는 칼을 쓴다는 속담이 떠오릅니다. 『연의』에서는 화웅(華雄)이 관우에게 목이 썰리기 전 호기롭게 외쳤던 말이기도 합니다. 소고기 요리법을 주장에 재치 있게 사용한 것이지요. 동시에 채용 만한 명사도 고기 조리법의 차이를 아는구나 싶어 흥미롭습니다. 어쩌면 대화의 상대자인 하진이 도축업을 통해 성공한 인물이라 일부러 고기 요리법을 예시로 들었을지도 모르지요.

물론 삶거나 볶는 것 외에도 다양한 요리법이 있었습니다.

매운 맛으로 잘 알려진 사천(촉한) 요리를 봅시다. 아마 후한 말에서 위진(魏晉) 시대에는 조리를 조금 달리했을 것입니다. 고추는 청나라 대에나 도입되었으니까요. 다만 후한 말, 그리고 위진 시대부터 매운 맛을 좋아했다는 기록이 있으니, 아마 그때는 생강이나 산초 등의 향신료를 썼겠지요. 지금도 사천은 산초의 산지로 유명합니다.

매운맛뿐 아닙니다. 촉은 고기를 상당히 달게 조리해 먹었습니다. 촉나라 출신의 맹달(孟達)은 투항 후 조비(曹丕)에게 촉의 고기는 밋밋해 꿀이나 엿을 많이 쓴다고 설명해 '단맛성애자' 조비의 시선을 단숨에 사로잡았지요.

중국 요리 하면 어패류도 빠질 수 없습니다. 조조는 전복을 무척이나 좋아했습니다. 조식은 아버지를 추모한 〈구제선주표(求祭先主表)〉에서 조조가 전복을 무척 좋아해, 서주자사로 근무하는 동안 전복을 200개나 구해다 바쳤다고 한 바 있습니다.

사실 조조는 미식가로 유명했습니다. 『사시식제(四時食制)』(사계절의 음식 제도)라는 글에서 각종 식재료와 요리법에 대해 다뤘을 정도로요. 현재는 생선에 대한 부분만 전해집니다. 조기는 가시가 연하고, 메기는 찜으로 먹을 수 있으며, 전어는 식초로만 요리할 수 있고… 등등이요. 일반적으로 여름 전어는 초절임으로, 가을 전어는 구이로 먹는데, 여름 전어만 먹었나 봅니다.

구이나 찜, 절임뿐 아닙니다. 현대 중국인은 잘 먹지 않는 회도 당시에는 제법 흔한 요리법이었습니다.

회를 먹는 문화는 주(周) 왕조(기원전 1046년~256년)까지 거슬러 올라가며, 수 세기에 걸쳐 점점 더 유행하게 되었습니다. 식당과 의사들이 여러 가지 질병을 생선 섭취와 연관시키기 시작하면서 인기가 시들해지긴 했지만, 일부 지역, 특히 남부 지역에서는 중국의 생선회 섭취 전통을 유지해 왔습니다.

한나라(기원전 206년~서기 220년)에 주로 출판된 주나라 시대의 사회와 정치에 관한 문헌집인 『예기(禮記)』에는 생선회, 양고기, 쇠고기를 얇게 써는 방법이 기술되어 있습니다. 총칭하여 "膾(kuai)"는 진나라(기원전 221~206년) 이전부터 고대 중국에서 가장 인기 있는 요리 중 하나였습니다. 생고기와 생선은 종종 炙(zhi)라고 알려진 구운 고기와 함께 귀족을 위한 연회에 제공되었습니다.

『삼국지』의 배경이 되는 후한 말, 그리고 위진시대에도 회는 인기였습니다. 특히 바닷물과 민물고기가 풍부한 남부와 강남 지역에서 인기를 끌었습니다. 얇게 썬 날생선을 구체적으로 지칭하기 위해 새로운 문자(간체로는 鲙이며, 여전히 kuai로 발음)를 발명했을 정도였는데요, 이는 원래 있던 글자 도(膾)에 생선 부수 어(魚)를 추가하여 만든 것입니다.[1]

실제로 강남의 손권(孫權)이 첩의 오라비인 조달(趙達)과 함께 어느 생선회가 제일 맛있는지에 대해 논했다는 기록도 있습니다. 조달의 답은 '숭어회'로, 심지어 손권이 촉의 생강과 함께 먹으면 맛있겠다며 아쉬워했다는 이야기도 전해집니다. 출처는 『신선전(神仙傳)』으로, 동진 시대에 쓰인 지괴소설(기괴한 이야기의 모음으로 훗날 소설의 원형이 되는 문학의 한 갈래)입니다. 저 이야기의 결론은 조달이 회를 다 뜨기도 전에 촉에서 생강을 구해오는 식이니, 신빙성에는 의문을 표할 수 있겠습니다. 그래도 그만큼 회를 즐겨 먹었다는 방증이지요.

손책을 죽이고, 생선에 죽고

하지만 삼국지에서 회와 관련해 가장 유명한 인물은 따로 있으니, 바로 진등(陳登)입니다.

진등. 그렇게 유명하지는 않지만, 그래도 『연의』를 읽은 사람은 기억할 만한 이름입니다. 상당히 초반부에 나와, 아버지 진규(陳珪)와 함께 유비에게 큰 도움을 주는 인물이거든요. 조조와 손을 잡고 여포의 밑에서 일하는 척하면서 여포의 수족을 하나하나 자르는 솜씨가 예술입니다. 그 후에는 조조를 배신, 유비를 서주의 주인으로 만들죠.

물론 『정사』에서는 다릅니다. 조조를 배신한 적이 없거든요.

진등은 본디 서주의 호족(지방에 근거지를 둔 친족집단) 출신이었습니다. 황건적의 난 등으로 인해 중앙정부의 힘이 강하지 않은 시절이었으니, 호족의 위정 능력이 중요했습니다. 진등은 아버지 진규의 뒤를 이어 서주를 성공적으로 통치했던 모양입니다.

서주목 도겸(陶謙)이 죽자 진등은 사신으로서 유비를 찾아가 서주를 맡아 달라 청합니다. 이때 유비는 원술에게 넘기라며 사양하지만, 진등은 원술이 교만한 자라며 유비의 통치를 고집합니다. 도겸의 유언도 있었겠지만, 실제로도 유비를 고평가했던 모양입니다. 훗날 "유비는 패왕의 재력이 있다"고 했으니까요. 내로라하는 각 세력의 수장에 비하면 별 볼일 없던 유비를 패왕이라고까지 표현하다니, 통찰력이 뛰어나지 않았을까 싶습니다.

하지만 유비와의 연은 깊지 않았습니다. 오래지 않아 여포가 유비를 배신하고 서주를 점령했기 때문입니다. 진등은 여포의 사신이 되어 조조를 찾아가 서주목의 지위를 요구합니다. 조조는 그 대신 진등을 포섭했지요. 진등은 조조와 내응, 여포 토벌에 앞장섭니다. 여포는 결국 목이 떨어지지요.

그뿐 아닙니다. 『연의』에는 나오지 않지만, 상당히 중요한 공을 세우기도 했습니다. 손책이 허도 급습을 위해 광릉의 진등을 공격했을 때입니다. 이때 조조는 원소와의 결전 중이었기 때문에, 손책과 싸울 여력이 없었습니다.

광릉태수 진등 역시 손책과 싸우기에는 역부족이었습니다. 손책은 진등군의 열 배나 되는 병력을 끌고 왔거든요. 모두가 성을 비우고 피하자고 권유했습니다. 하지만 손책에게 복수를 맹세했던 진등은 이를 수락하지 않았습니다.

일부 기록에 따르면 진등은 역시나 손책에게 쫓겨났던 엄백호의 잔당을 이용해 손책을 암살했다고도 합니다. 물론 허공의 빈객에게 죽었다는 기록도 있지요.

어느 쪽이든, 손책은 암살당했고, 진등은 그 기회를 틈타 손책군을 급습해 패퇴시켰습니다. 만약 손책이 허도 급습에 성공했다면 조조는 돌아갈 곳을 잃게 되었을 것이고, 원소는 어렵지 않게 방랑군이 된 조조 세력을 궤멸했겠지요. 그렇게 되었으면 역사가 바뀌었을 테고요.

손권군을 물리친 전적도 있습니다. 땔나무 묶음에 불을 붙이고 대군이 온 듯 환호하니, 원군이 온 줄로 착각한 손권군이 놀라 도망갔다고 합니다. 손권이 공격에 약했던 것인지, 진등이 수비에 강했던 것인지는 알 수 없지만요.

이렇게 승승장구하던 진등은 향년 39세, 한창 젊은 나이에 죽고 맙니다. 그 이유는 바로 생선회 때문이었다고 합니다.

광릉태수 진등은 갑자기 근심이 생겨 가슴에 번민이 가득하니 얼굴이 붉게 되어 먹지 못하게 되었다. 화타가 맥을 짚어 보고는 "당신의 위 속에 벌레가 있어 안에서 종기를 만들기 시작했으니 이는 날음식 때문입니다." 그러고는 즉시 탕약 두 되를 지어 두 번 먹게 하니 잠시 후 석 되 정도의 벌레를 토했다. 그 벌레는 머리가 붉었으며 움직이고 있었는데, 그 몸의 반은 생선회와도 같았다. 그렇게 진등의 고통은 사라졌다. 화타가 이어 말하길, "이 병은 3년 뒤에 재발하겠지만, 좋은 의사를 만나면 치료할 수 있을 것입니다." 그 기일에 이르러 진등의 병이 재발되었으나, 화타가 없어 결국 죽고 말았다.   『후한서』〈화타열전〉

진등은 대체 무슨 회를 먹었기에 사망에 이르렀을까요?

그 전에, 고대 중국인들이 어떠한 민물생선을 회로 만들어 먹었는지 찾아볼 필요가 있겠지요.

주나라 시기에도 회로 먹었다고 하며 춘추 시대에도 상서롭고 귀한 물고기로 언급되는 잉어와 『후한서』에 등장하는 민물농어 등이 그 대상이었을 것으로 생각됩니다. 민물농어의 경우는 『후한서』 속에서 조조가 베푼 잔치에서 좌자(左慈)가 도술을 부려 놋대야에서 낚아 올린 송강(松江: 오나라 땅에 위치)의 농어를 회쳐서 나눠 먹는다는 식으로 언급됩니다.[2]

이러한 기록 등을 토대로 생각해보면, 진등이 살던 시기에는 이미 잉어나 농어 등 민물생선을 이용한 회 요리가 상당히 잘 알려져 있고 즐기는 사람들도 꽤 있었을 것입니다.

진등이 태수로 있었던 광릉은 해안지방인 서주의 일부입니다. 앞서 조식(曹植)이 전복을 조조에게 진상한 장소도 서주입니다. 그러니 횟감으로 쓰일 물고기가 많이 잡혔을 겁니다.

더 자세히 살펴보면, 현대 중국의 행정구역을 기준으로 양저우시의 북서부에 해당합니다. 근처에 장강(長江, 양쯔강)이 흐르고 있으므로 민물고기 회를 접하기 굉장히 좋은 환경이죠. 장강에는 수많은 해양생물이 살고 있는데 현재 기준으로는 '잉어과 잉어목'에 속하는 다양한 물고기들이 서식하고 있다고 알려져 있으며, 잉어 종류 외에 메기, 은어, 가물치, 그리고 철갑상어(현재는 멸종)도 장강에 살고 있다고 합니다.

아마도 광릉에서는 '잉어'를 구하기가 쉬웠을 것이며, 진등이 즐긴 생선회는 잉어를 이용하여 만든 것일 가능성이 높습니다.

잉어회와 간흡충증

잉어회를 즐기던 진등은 왜 사망에 이르게 되었을까요?

삼국지 『정사』에 기록된 진등의 증상과 죽음에 대한 묘사를 분석해볼 때, 그의 사망원인으로 가장 강력히 의심되는 질환은 간흡충증(Clonorchiasis) 입니다. 기생충 감염증의 일종이죠.

이 질환의 원인이 되는 기생충인 간흡충(肝吸蟲)의 학명은 Clonorchis sinensis('간디스토마'라고도 불립니다)이며, 중국 또는 동양 간흡충(Chinese or Oriental liver fluke)으로도 알려져 있는 흡충류입니다. 이 기생충 감염은 한국, 중국, 그리고 베트남을 포함한 동아시아에서 가

장 흔히 발견되지만, 러시아의 극동 지역에서는 풍토병의 형태를 띠기도 합니다.[3]

간흡충증은 민물고기를 날로 혹은 덜 익혀 먹을 때 걸립니다. 붕어, 잉어, 향어, 모래무지, 피라미, 꺽지의 근육에 있는 간흡충의 피낭유충(metacercaria)이 원인이 된다고 알려져 있습니다.

우리의 추측대로 진등이 즐겨먹던 민물생신이 잉어라면, 이를 회의 형태로 섭취한 진등이 간흡충의 피낭유충에 노출되었을 가능성은 매우 높아집니다.

간흡충에 감염될 경우, 그 증상은 감염의 강도와 기간에 비례하여 나타나게 된다고 알려져 있습니다. 얼마나 심하게 감염되었는지를 판별하기 위해 기생충의 양을 측정해야 하는데, 이는 환자의 대변에 있는 알의 수를 통해 추정할 수 있으며, 보통 의심되는 음식 섭취 3~4주 후에 대변에서 알이 검출됩니다.

간흡충증의 증상은 환자가 감염된 물고기를 섭취하고 10~30일 후에 나타나며, 적어도 2~4주 동안 그 증상이 지속됩니다.

섭취한 간흡충의 양이 100마리 미만이라면 초기에는 거의 증상이 없지만, 환자가 2만 마리 이상의 간흡충을 섭취했다면, 급성 담관염(acute cholangitis)의 증상들인 황달, 우상복부 통증, 구역, 구토, 발열, 식욕부진, 몸살 등을 경험할 수 있습니다.[4] 만성화가 되면 담석증과 같은 증상도 발생할 수 있죠.

만약 간흡충의 만성적인 감염 상태에 처한 환자가 적절한 치료를 받지 못하고 방치되면 결국 담관암(Cholangiocarcinoma)이 발생할 위험성이 증가하게 됩니다. 담관암으로 진행하는 기전은 명확하게 밝혀져 있지 않지만, 담관이 기생충에 의해 지속적으로 손상되고, 간흡충이 부분적으로 축적되는 것에 의해 담즙의 정체 및 반복적인 담관염이 발생하는 것, 그리고 염증에 의해 분비되는 물질의 독성 등에 의해 암이 발생되는 것으로 추정하고 있습니다.[5]

'장강에 흔히 서식하는 잉어의 생식으로 인한 간흡충 감염'이라는 역학적인 추측뿐만 아니라, 사서 속에 묘사된 진등의 증상도 간흡충증을 의심해 볼 만한 단서를 제공합니다.

앞서 언급했던 사서의 기술내용을 다시 살펴보겠습니다.

(1) 광릉태수 진등은 갑자기 근심이 생겨 가슴에 번민이 가득하니 얼굴이 붉게 되어 먹지 못하게 되었다.

이는 진등의 소화기 계통이 불편하며(가슴이란 표현에서 상복부 통증을 추측 가능, 구역질 동반 가능성) 이와 함께 식욕 부진이 발생(먹지 못하게 되었다)했다는 것으로, 간흡충증에 의해 발생하는 급성담관염 증상과도 비슷합니다.

(2) 화타가 맥을 짚어 보고는 "당신의 위 속에 벌레가 있어 안에서 종기를 만들기 시작했으니 이는 날음식 때문입니다."

맥을 짚어 기생충 감염을 진단했다는 것이 신기하지만(현대에는 대변 내 충란 검사법, 피부 반응 검사(C.S. skin test), 내시경 역행 췌담관 조영술(ERCP), 초음파, 혈액 검사, CT 등을 이용해 진단합니다), 이 부분은 고대의학의 영역이니 넘어가겠습니다.

화타는 위 속에 벌레가 있다고 하는데 실제 간흡충은 간, 담관, 혹은 담낭 쪽에 살며 감염 증상을 일으킵니다. 위장에 주로 기생하며 위염이나 위궤양 같은 염증을 일으키는 것은 고래회충(Anisakis)인데, 이 기생충은 고등어와 같은 바다에 사는 생선을 먹어서 감염되는 경우가 흔하므로 민물고기를 섭취했을 가능성이 높은 진등에게는 맞지 않는 내용일 것 같습니다.

어찌되었든 전체적으로는 날음식의 섭취를 통해 들어온 벌레가 염증(종기)을 일으키고 있다고 표현하는 것을 보아 회를 먹어서 발생한 기생충 감염에 대한 언급이라고 볼 수 있겠습니다.

(3) 그러고는 즉시 탕약 두 되를 지어 두 번 먹게 하니 잠시 후 석 되 정도의 벌레를 토했다. 그 벌레는 머리가 붉었으며 움직이고 있었는데, 그 몸의 반은 생선회와도 같았다. 그렇게 진등의 고통은 사라졌다.

탕약의 성분은 알 수 없지만, 내용 상 '구토'를 유발하는 약제일 가능성이 높습니다. 간흡충의 성체가 1센티미터 크기 정도이므로,

급성 담관염을 일으킬 만큼 많은 수(2만 마리 이상)의 간흡충이 진등의 몸 안에 있었다면 석 되에 가까운 양의 벌레가 나올 수도 있었을 것 같습니다. 담관에 서식하는 간흡충이 밖으로 나올 정도면 녹색빛을 띠는 담즙성 구토였을 것 같으나 구토물의 색상에 대한 묘사는 없습니다.

그러나 구토와 함께 나온 벌레가 머리가 붉었으며 반은 생선회와 같다는 기술은, 담홍색(옅은 붉은색) 혹은 황갈색을 띠며 나뭇잎 모양을 지닌 간흡충의 외형을 어느 정도 반영하고 있는 것으로 보입니다.

(4) 화타가 이어 말하길, "이 병은 3년 뒤에 재발하겠지만, 좋은 의사를 만나면 치료할 수 있을 것입니다." 그 기일에 이르러 진등의 병이 재발되었으나, 화타가 없어 결국 죽고 말았다.

현대라면 진등은 프라지콴텔(praziquantel)이라는 구충제 복용을 통해 성공적으로 치료를 받을 수 있었을 것입니다. 그러나 안타깝게도 진등이 살았던 시대에는 그와 같은 약품이 없었기에, 화타는 일종의 구토제 처방을 통해 일시적으로 대량의 기생충을 제거하고 감염의 원인을 피하는 방법(잉어회를 먹지 않기)을 제시했던 것으로 보입니다. 하지만 완벽히 제거되지 못한 기생충이 만성감염을 거쳐 담관암으로 진행했거나 혹은 잉어회의 유혹을 이기지 못한(회 마니아가 3년이나 참은 건 크게 노력한 것?) 진등이 다시 간흡충을 섭취하여 급성 감염으로 사망했던 것으로 생각됩니다.

　기생충으로 인해 죽은 사람이 진등뿐은 아니었겠지요. 그래도 기술했듯 수당송(隋唐宋) 시기까지도 회는 인기 메뉴였습니다. 금나라와 원나라 때도 마찬가지고요.

　하지만 명나라 때는 생선회의 명맥이 끊긴 모양입니다. 임진왜란 당시, 명나라 병사들이 생선회를 먹는 조선인의 모습을 보고 야만스럽다고 한 적이 있으니까요. 즉 원나라 혹은 명나라쯤부터 생선회의 섭취를 중단했다는 것이지요.

　아마 원명시대에 흑사병을 비롯, 여러 전염병이 돌면서 회의 섭취가 줄어들다가 없어지지 않았나 싶기도 합니다. 전염병이 돌면 익혀 먹는 것이 상식이니까요.

　그래도 식문화가 사라지는 데 꽤 걸린 것을 보면, 진등을 제외한 역사적 주요 인물은 회를 먹고 죽지는 않은 모양입니다.

진등이 더 오래 살았더라면?

　　　　　　"원룡(元龍)처럼 문무와 담력, 포부를 갖춘 자는 고대에서나 구할 수 있을 뿐, 창졸간에 그와 비견될 자를 구하기 어려울 것입니다."

　유비가 유표(劉表)와 함께 천하인(天下人)을 논할 때 했던 말입니다. 유비는 사람 보는 눈이 매우 뛰어났던 사람입니다. 초야에 묻혀 있던 제갈량을 삼고초려한 사례나 막중한 한중태수의 자리에 장비 대신 일개 병졸 출신이었던 위연(魏延)을 임명한 사례만 봐도 알 수 있지요. 바로 그 '읍참마속'의 주인공, 마속(馬謖)을 평가한 이야기는 거의 예언 수준입니다.

그런 유비가 그렇게나 높게 평가했던 이 '원룡'이란 사람이 바로 진등입니다. 원룡은 진등의 자거든요. 문무와 담력, 포부라니, 그야말로 만능형 인재입니다. 실제로 서주에서 선정을 베풀기도 했거니와, 손책을 무찌르기도 했으니 그런 것도 같습니다.

이런 진등이 요절하지 않았다면 어땠을까요?

의외로 큰 차이는 없었을 것 같습니다. 어쨌든 진등의 인생을 살펴보면, 진등의 목표는 '서주(徐州)의 안정화'였습니다. 서주 출신 호족으로서 서주의 백성들에게 책임감을 지니고 있었던 듯합니다. 그래서인지 수비의 기록은 있지만, 정벌의 기록은 없습니다.

그렇다면 서주가 진등 사후에도 위협을 받았느냐 하는 점을 살펴보아야겠지요. 진등은 208년과 211년 사이에 죽은 것으로 추정됩니다. 서주는 200년, 관우가 조조에게 투항한 시점부터는 쉽게 진압된 소소한 반란 정도를 제외하면 대체로 무탈하게 위, 그리고 위의 뒤를 이은 진의 차지였습니다. 그러니 진등이 살아 있었다 한들 큰 차이는 없었을 듯합니다.

이런 반박도 가능하기는 합니다. 진등은 도겸 사후 유비를 선택했을 정도로 유비를 좋아했습니다. 그럼에도 조조의 사람이 되었던 것은, 당시 유비의 힘이 난세를 살아가기에는 너무나 보잘것없었기 때문이지요. 그러니 입촉에 성공하고, 자신의 기반을 마련한 유비와 내통했을지도 모른다, 이런 반박 말입니다.

하지만 문제는 서주의 위치입니다.

서주는 청주와 연주, 예주와 양주(강동)에 맞닿아 있습니다. 청주와 연주, 예주는 조조의 세력권이었으며, 양주는 손권의 세력권입니다. 유비의 촉과는 완전히 반대 방향입니다. 그러니 유비와 손을 잡기는 어려웠겠지요. 애초에 유비에게 호감이 있다고 해서, 자신이 쌓아 올린 모든 업적과 자기만 믿고 따르는 백성들을 버리고 유비에게 갈 사람은 아니기도 하고요.

물론 역사가 바뀌지 않았더라도, 인재덕후 조조에게 진등의 죽음은 여전히 아쉬운 것이었습니다.

『정사』에 따르면 조조는 장강에 이를 때마다 진등의 계책을 쓰지 않아 손권이 힘을 길렀다며 탄식했답니다. 무슨 계책인지는 모르겠지만, 손권의 힘이 커지기 전에 처치할 방안이 아니었나 싶습니다. 그렇게 보자면 또, 손책을 암살했듯 손권을 처리할 수 있었을지도 모르겠습니다.

08
위왕(魏王) 조조, 골머리를 앓다

극한의 효율성을 추구하기까지

'역적. 간신. 능신. 영웅. 간웅.'

위 다섯 개의 단어를 보고 떠올리는 인물을 말해봅니다. 아마 대부분 같은 인물을 떠올렸겠지요. 이번 장에서 이야기할 에피소드의 주인공, 조조(曹操)입니다.

우리는 모두 조조에 대해 잘 알고 있습니다. 하지만 동시에, 조조에 대해 잘 알고 있지 못합니다. 그만큼 조조는 다면적이고, 입체적인 인물이거든요.

처음부터 이런 입체성이 부각된 것은 아닙니다. 어쨌든 정통성을 지닌 위(魏)의 초대 군주였기 때문에, 당대에는 "시대를 초월하는 영웅" 같은 고평가를 받았습니다. 심지어 적국 촉의 재상이었던 제갈량조차 후출사표에서 "조조는 지모와 계책이 남달리 뛰어나 그 용

조조

병술은 손자(孫子)와 오자(吳子)를 닮았다", "선제께서는 조조를 항상 뛰어난 인물이라고 칭찬하셨다"라 말했을 정도였으니, 그 능력만큼은 의심의 여지가 없었겠지요. 현대로 치면 이른바 육각형 능력자라고나 할까요? 고르게 뛰어나지만 조금은 전형적이고 평면적인 스타일의 엄친아인 셈이죠.

다재다능의 표본

안타깝게도 조조의 경우에는 능력과 인기가 비례하지는 않았습니다. 조조 중심의 만화 『창천항로(蒼天航路)』에서 손책은 조조가 "백만 인간이 백세에 이를 만큼의 원한을 안주 삼아 천하라는 술잔을 들이켜려 하고 있다"고 표현합니다.

"백만 인간이 백세에 이를 만큼의 원한"이라니, 무시무시한 표현이지요. 그런 표현이 어울릴 정도로, 조조는 오랜 세월 동안 미움을 받아 왔습니다. 시간이 흐르면 흐를수록 이는 더욱 심해져, 능력은 배제된 채 원한만이 강조되었습니다.

『삼국지평화(三國志平話)』라는 작품이 있습니다. 역사를 기반으로 한 만담가의 화본으로, 『연의』의 원전이라고 할 수 있지요. 대중을 상대로 하는 만담 형태의 설화다 보니, 아무래도 청중인 민중의 인식을 담고 있습니다. 그리고 이 『삼국지평화』에서, 조조는 비열하고 잔혹한 소인배로 등장합니다. 그저 단순한 악인이었지요. 오죽하면 경극에서 조조 역할을 했던 배우가 분노한 군중에게 맞아 죽는 일까지 있었겠어요.

그렇게 평면적인 악당이었던 조조에게 입체성을, 숨결을 불어넣은 사람이 있습니다. 바로 『연의』의 저자 나관중입니다.

더없이 냉정한가 싶으면 감정적이기도 하고, 너무나 잔혹한가 싶으면 관대하기도 합니다. 그러면서도 뛰어난 능력과 날카로운 카리스마만큼은 한결같으니, 전기의 최종 보스 역할에 더할 나위 없이 적합합니다.

문맹률이 낮아져 복잡한 서사에 대한 이해도가 높아지고, 계급 간 이동이 자유로워진 현대에 이르러서야 각광 받은 유형입니다. 조조의 인기도 실제로 20세기 말에서 21세기 초에 치솟았습니다. 냉철하면서도 카리스마 있는, 그러면서도 어딘가 인간적인 만능형 리더라면서요.

그러나 2010년대, 나아가 2020년대 들어선 후에는 서주대효도운동(서주대학살에 대한 인터넷 상의 밈입니다. 가장 잔혹한 형태의 효도였죠) 등 조조의 악행과 성격적 결함이 잘 알려지게 되었습니다. 찔러도 피 한 방울 안 나올 냉철한 지도자는 오히려 원소 쪽이었고, 조조는 감정적이며 다혈질적으로 군 적이 많다고요.

이런 점에서조차 여전히 입체적입니다. 음흉하기까지 할 정도로 조심성 있던, 동시에 관대하면서도 권모술수에 능했던 전략가인데, 가끔은 당황스러울 정도로 소탈하고 충동적이며 잔혹하게 구니까요. 입체성은 거기서 그치지 않습니다. 조조는 한 시대를 주름잡은 정치가였으면서도, 동시에 정치를 배제하고 봐도 충분히 위인이라는 평가를 들은 예술가였습니다.

동서고금을 막론하고, 군주가 예술에 흥미를 보이면 그 결과가 영 좋지는 않습니다. 이를테면 송(宋)의 휘종(徽宗)은 뛰어난 예술적 재능을 지녔지만, 그 때문에 몰락했습니다. 바이에른의 루트비히 2세 역시 예술과 건축에 푹 빠져 정치를 등한시했다가 강제로 퇴위하였습니다(예술을 포기하고 제2차 세계대전을 일으킨 히틀러보다는 나은 걸까요?).

물론 예술이 적성에 맞지 않아 '적절히' 흥미를 보이는 데서 그치면 괜찮기도 합니다. 엘리자베스 1세나 정조 등, 예술에 후원은 하되, 본인이 예술에 시간을 많이 들이지는 않는 식으로요.

그런 점에서 조조는 색다릅니다.

통일을 이룩하지는 못했지만, 어쨌든 난세를 바로잡고 중앙정부의 권력과 권한을 되찾았습니다. 어쨌든 조조가 세운 위는 진(晉)으로 이어져 삼국을 통일했고요. 물론 여러 가지 부인할 수 없는 실책을 저지르기는 했지만, 군주로서의 자질을 증명하기에는 충분한 셈입니다. 그러면서도 예술적인 자질도 뛰어나, 그쪽 방면에서도 여러 업적을 남겼습니다.

우선 문학이 그렇습니다. 조조와 조비, 조식 삼부자는 건안 문학(조비 편을 참고해주세요!)이라는 새로운 사조를 주도하며 중국 문학사에 있어 중요한 전환점을 마련했습니다.

기존의 시는 장황하고 과장된 표현을 이용해 국가 중심의 위엄을 강조했습니다. 반면 조조는 직설적이고 간결한 표현을 이용해 개인적인 감정과 현실의 고통을 전달했습니다. 아무래도 난세의 백성에게는 그런 내용이 훨씬 더 잘 와닿기 때문에 문학의 대중화를 이뤄내는 데 성공했습니다. 중국 문학사에 큰 족적을 남긴 셈이지요. 조조의 대표작으로는 〈호리행(蒿里行)〉, 〈보출하문행(步出夏門行)〉, 〈귀수수(龜雖壽)〉 등이 있습니다.

이러한 필력은 군사학에서도 빛을 발했습니다. 조조는 『손자병법』에서 거추장스러운 문장을 쳐내고, 주석을 달아 『위무주손자(魏武註孫子)』라 알려진 『손자약해(孫子略解)』를 저술했는데요. 간결하면서도 예리한 데다 문장력이 빼어나 손자병법 중에서는 오로지 『위무주손자』만이 남겨지게 되었답니다. 다른 판본은 쓰이지 않게 되었거든요.

다른 의미에서 글을 쓰기도 했습니다. 글자 말입니다. 특히 예서의 강직한 필법과 해서의 간결한 필법을 융합했는데요, 개성 있으면서도 명료하게 표현하는 능력이 뛰어났는지 서예에서도 높은 평가를 받았습니다.

위(魏), 서진(西晉)의 학자인 장화(張華)가 지은 백과사전 『박물지

『박물지(博物志)』에는 조조가 음악과 바둑에도 뛰어났다 전합니다. 더욱 자세히 말하자면, 동시대의 뛰어나다고 알려진 인물들에게 버금간다고 적혀 있습니다. 아마 후대에 이름을 남길 정도는 아니었겠지만, 당대로만 보자면 '고수'쯤은 되지 않았나 싶습니다.

갈관(葛冠) 대신 백갑(白帢)이라는 모자를 만들었다는 이야기도 전해집니다. 갈포라는 식물로 만들어져 복잡하고 뻣뻣한 갈관은 전통적인 형태를 유지하기 위해서인지 무거웠는데요, 백갑은 상대적으로 부드럽고 가벼웠습니다. 수수하고 단순한 옷과 신발을 선호했다는 조조이니만큼, 갈관이 거치적거렸을 수도 있지요. 그렇게 만들어진 백갑은 편의성 때문인지 위진 시대에 널리 쓰였습니다. 패션에서도 유행을 선도한 셈입니다.

이렇게 다양한 분야에서 다양한 재능을 보여준 조조지만, 한 가지 공통된 키워드가 보입니다. 바로 '극한의 효율성'입니다. 시도, 서

백갑관을 쓴 황제

예도, 패션도, 전부 간결함을 추구하는 형식이지 않나요?

이러한 간결함은 조조의 타고난 성향과도 잘 맞아떨어집니다.

조조는 검소하고 소박해, 장식품이 전혀 없었다고 합니다. 그만한 위치가 되면 어느 정도 보이는 것에도 신경을 쓸 텐데, 천성이 그런 쪽에는 관심이 없었던 모양입니다.

손수건이나 작은 물건들을 넣을 수 있는 주머니가 달린 허리띠를 차고 다녔다는 이야기도 마찬가지입니다. 당대 사대부가 추구하던 진중한 위엄보다는 실용성을 중시했다는 뜻이니까요. 조조는 이러한 방식으로, 각종 예술 활동을 업무를 방해하지 않는 선에서 병행할 수 있었겠습니다.

다양한 종류의 취미를 '간결한 방식'으로 즐긴 원인에는, 어쩌면 조조를 평생 괴롭힌 두풍(頭風)이 있을지도 모릅니다.

> 조조가 소문을 듣고 화타를 불러 좌우에 있게 하였다. 조조는 두풍현(頭風眩)으로 고통을 많이 받았는데 화타가 침을 놓으면 즉시 차도가 있었다. 『후한서』〈화타열전〉

> 태조가 소문을 듣고 화타를 불러 화타는 항상 조조 곁에 있었다. 조조는 두통으로 고생하였는데, 매번 재발할 때마다 마음이 산란하고 눈이 몽롱했다. 화타는 침으로 횡격막을 찔렀으며, 손이 따라가는 대로 병세가 사라졌다. 『정사』〈화타전〉

조조와 화타 사이 악연의 시발점이 되는 두풍이 바로 여기서 등장합니다.

두풍(頭風)의 정체

두풍이란, 길게 지속되는 심한 두통(혹은 두통이 났다가 멎었다 하면서 오래도록 낫지 않는 것)을 이르는 표현입니다. 현대 의학적으로 표현하면 만성적이고 반복적으로 나타나는 중등도 이상의 두통일 수 있는데, 이러한 특성에 부합하면서 가장 가능성이 높은 원인들을 뽑아보자면 우선 다음의 세 가지 진단명을 고려해볼 수 있습니다.

만성 편두통(Chronic migraine)
삼차신경통(Trigeminal neuralgia)
군발두통(Cluster Headaches)

첫째, 이 중에서 조조의 두통 원인으로 가장 널리 알려진 것은 '편두통'일 것입니다.

의무기록이 아닌 사서에 '두통으로 고생했다'는 언급이 나올 정도면 가벼운 정도의 통증은 아니었을 것입니다. 중등도 이상의 심한 두통이었을 가능성이 높은데, 재발은 했으나 특별히 심각한 신경학적 장애(의식 저하나 마비와 같은)가 발생하진 않을 것으로 볼 때 원인이 뇌출혈이나 뇌경색일 가능성은 떨어집니다. 오히려 중등도에서 심한 두통이 발생할 수 있는 편두통일 가능성이 더 높죠. 편두통은 꼭 한쪽의 머리가 아픈 것은 아니며, 박동성의 통증을 주로 경험하게 됩니다. 그리고 환자에 따라 재발 전에 전조 증상(aura)이 나타나기도 하는데, 눈앞이 번쩍거리거나 암점이 생기기도 하고 얼굴이나 손이 저린다는 느낌을 호소하는 등 다양한 증상이 두통 전에 발생할 수 있습니다. '매번 재발할 때마다 마음이 산란하고 눈이 몽롱했다'는 내용이 조조가 겪었을지도 모를 전조 증상을 묘사한 것일 수도 있습니다.

조조의 병이 편두통이었다면, 현대 의학적으로는 나름 우아하게 치료가 가능했을 것입니다. 트립탄(Triptan) 계열의 약제로 증상을 조절하거나(가벼운 통증은 다양한 진통제의 도움을 받을 수도…), 보툴리눔 독소(보톡스라는 상품명이 더 잘 알려진) 주사 치료도 편두통 증상 조절에 큰 도움이 되며, 최근에는 칼시토닌유전자관련펩타이드 항체(Calcitonin gene-related peptide (CGRP) monoclonal antibody)라는 걸출한 약제가 개발되어 수많은 난치성 편두통 환자의 치료에 큰 도움이 되고 있습니다(도끼로 머리를 열 필요도 없고, 아슬아슬하게 횡격막도 찌를 필요가 없지요).

둘째, 삼차신경통은 이름 그대로 '삼차신경(얼굴의 감각 및 일부 근육의 운동을 담당하는 뇌신경)'의 기능 이상으로 인해 발생하는 통증으로, 보통 편측의 안면부에 갑작스럽게 발생하는 전기 오르는 듯한 양상(벼락 치는 듯하다, 칼로 베는 것 같다는 표현을 사용하기도 합니다)의 심한 통증을 특징으로 합니다. 삼차신경통은 얼굴의 감각 저하를 동반하기도 하고, 증상이 발생할 때 얼굴을 움찔거리는 증상을 보이기도 합니다. 말하거나 음식을 씹는 동작에 의해서 유발되기도 하며, 면도를 하거나 얼굴을 건드리는 동작에 의해서도 증상이 발생하기도 합니다.

증상 치료에는 항경련제로 잘 알려진 카바마제핀이나 옥스카바제핀 등을 사용해 볼 수 있으며(이 외에도 다양한 항경련제 계통 약제가 도움이 됩니다), 근이완제의 병용도 증상 완화에 도움이 될 수 있습니다. 약으로 증상 조절이 잘 안 될 경우에는 보툴리눔 독소 주사 치료도 해 볼 수 있으며, 더 나아가 삼차신경에 대한 미세뇌혈관 감압술이나 감마나이프 수술 등도 고려해 볼 수 있습니다. 화타가 도끼로 머리를 열자고 했다는 이야기를 현대적으로 해석하면 이와 같을지도 모릅니다.

삼차신경통도 그 강도와 불편감에 있어서는 조조의 두풍 원인일 수 있으나, 보통의 삼차신경통이 50대 이후의 여성에서 호발한다는 점에서는 조금 맞지 않는 부분도 있긴 합니다. 혹은 사서에는 기록이 없긴 하지만, 조조가 젊어서 대상포진을 앓은 적이 있다거나 두개골 기저부에 손상을 일으키는 외상을 경험한 적(전쟁터를 많이 다녔으면 혹시라도?)이 있었다면 그로 인해 삼차신경통이 발생할 수도 있습니다.

한편으로는 삼차신경통 자체가 워낙 통증 빈도가 짧아서, 화타가 침을 놓자마자 바로 좋아졌다는 표현에 부합하는 것일 수도 있습니다. 횡격막과 같은 부위에 침을 놔서 오히려 얼굴 근육에 신경을 쓰지 않게 하는 방법으로 통증을 완화시킨 것일 수도 있으니까요.

셋째, 군발두통(cluster headache)은 결막충혈, 눈물, 코막힘, 콧물, 땀 등 자율신경증상을 동반하는 심한 두통이 집단적으로, 그리고 주기적으로 나타나는 질환(삼차자율신경두통의 한 종류로 보기도 합니다)입니다. 이 두통은 특이하게도 다른 두통이 여성에게서 더 많이 발생하는 것과 달리 90퍼센트의 환자가 남성입니다. 주로 청년기와 장년기에 자주 나타나며, 20대 후반에 가장 많이 발생합니다. 두통이 발생하면 수주일 또는 수개월의 군발 기간(발작 기간) 동안, 한 번에 15분에서 1시간씩 하루에 여러 차례 발생하는 형태로 지속되고, 증상이 소실되는 데 수개월에서 수년 정도 걸린다고 합니다. 매일 거의 비슷한 시간에 두통이 발생하며, 주로 밤에 잠이 든 후 1~2시간 지난 시점에 두통이 발생하는 경우가 많습니다. 대부분은 통증이 소실되는 시기가 있으나 약 10퍼센트의 환자에서는 소실 기간 없이 만성적으로 발작이 나타날 수도 있습니다.

환자들 중 23퍼센트 정도에서는 두통 발생 수일 전부터 무기력, 흥분, 과민함 또는 두통을 예상할 수 있는 느낌이나 묵직함 등의 전조증상을 경험한다고 알려져 있습니다.[1]

남성인 조조가 '젊어서부터' 두통에 반복적으로 시달렸으며, '두통의 강도가 상당히 심하고' 전조 증상 혹은 자율신경계 증상으로 의심되는 것들도 있다는 점(눈이 몽롱했다는 것은 결막충혈이나 눈물이 나는 증상을 에둘러 표현한 것일 수도 있고요)에서 군발두통을 앓았을 가능성도 고려해 볼 수 있겠습니다. 실제로 제가 응급실에서 만났던 군발두통 환자분들의 고통을 떠올려보면, 조조의 화타 의존성이 이해가 되는 바입니다.

군발두통의 증상 치료로는 100퍼센트 산소 공급 치료나, 트립탄 약제, 스테로이드 등을 사용해 볼 수 있고, 칼시토닌유전자관련펩타이드 항체의 하나인 '갈카네주맙(Galcanezumab)'이 예방치료로서 효과가 있다고 합니다(도끼… 횡격막 침… 없어도 되지요).

이 외에도 '만성 긴장형 두통(Chronic tension-type headache)'이나 '신생 일상성 지속성 두통(New daily persistent headache)' 등도 고려해 볼 수 있으나, 이 두통들은 상대적으로 두통의 강도가 약한 편이라 조조의 두풍 원인으로서의 가능성이 좀 떨어진다고 생각됩니다.

양생법, 짐주 그리고 간소한 삶

두통으로 고통받긴 했지만, 조조는 사실 건강관리에 진심인 남자였습니다. 두통 때문에 더 관심을 가졌을지도 모릅니다. 반대로 오히려 건강에 대한 관심 때문에 두통이 더 심해졌을 수도 있고요.

> 조조는 양생법(養生法)을 좋아하고 방약을 알아 방술지사들을 초빙하니, 여강(廬江)의 좌자(左慈), 초군(譙郡)의 화타, 감릉(甘陵)의 감시(甘始), 양성(陽城)의 극검(郤儉)을 모았다. 또한 1척(후한 말 기준 약 24센티미터)에 이르는 들의 칡을 먹었고, 적게 먹었으며 짐주(鴆酒)를 많이 마셨다.
>
> 『박물지』

한나라 시대의 교양인답게 조조는 도교에 심취해 있었던 것 같습니다. 정확히는 방술(方術)에 큰 흥미를 가졌던 모양입니다.

방술은 의술, 주술과 점술, 도교적 수련법 등 여러 가지 신비한 기술을 뜻합니다. 양생법, 즉 도교적 건강 관리법을 좋아했던 것도 같은 맥락으로 보입니다. 불로장생까지는 아니어도, 건강과 장수에 초점이 맞춰져 있습니다.

일반적으로 양생법에 큰 문제는 없습니다. 식이요법과 호흡법, 운동과 명상 등을 사용한 훈련이니까요. 나름 도움이 되었는지, 조조는 60대의 나이에 늦둥이를 본 바 있습니다. 사냥을 나가 하루에 꿩을 63마리나 잡았을 정도로 건강하기도 했고요.

1척에 이르는 칡 역시, 그 양이 어마어마해 보이기는 하지만, 증상을 완화시켰을 수도 있습니다. 한약재로 쓰이는 칡은 나름 두통 완화에 효과가 있다고 전해집니다. 뿌리인 갈근은 감기로 인한 열, 두통, 뒷목이 뻣뻣한 증상을 치료하며 갈증에도 효과가 있다고 알려져 있어 조조가 시달릴 때 조금은 도움이 되었을지도 모릅니다. 케이스

보고(Case report) 형식이긴 하지만, 2009년에 발표된 논문에 따르면, 군발두통 환자들 중 칡을 복용한 16명이 두통의 호전을 경험했다고 합니다.[2]

짐주 역시 그렇습니다. 짐주는 짐새(鴆鳥)라는 전설 속 새의 깃털을 사용해 만든 독주입니다. 짐새가 실존했는지는 모르지만 어느 정도 독성이 있기는 했겠습니다.

짐새는 현대에 발견되지 않으므로 짐새가 지닌 독이 과연 무슨 성분이었는지는 알기 어렵지만, 짐새처럼 독이 있는 조류로는 뉴기니에 서식하는 두건피토휘(Hooded pitohui, Pitohui dichrous)라는 새를 들 수 있겠습니다.

이 새는 개구리나 딱정벌레 등을 잡아먹는데, 그 먹이가 되는 생물들에 독이 있기에 자신에게도 독이 축적(주로 깃털과 피부에 독이 있다는 점에서 짐새와 흡사)된다고 합니다. 이 새에서 발견되는 독은 '호모바트라코톡신(Homobatrachotoxin)'이라고 하는데, 이는 독화살개구리에서 발견되는 것과 같은 계열의 독입니다.[3] 이 성분은 일종의 신경독으로, 이 독에 노출되면 감각 저하, 손발 저림, 근육의 강직과 같은 증상들을 겪는다고 합니다. 만약 독성을 나타낼 수 있는 용량에 노출이 된다면 심장 근육에도 영향을 끼쳐 부정맥이나 심장마비 등의 증상을 일으킬 수 있습니다.

만약 짐주의 성분이 저런 것이었다면 두통에 도움이 되기보다는 오히려 다른 방향으로 해가 되었을 것으로 생각됩니다. 의도치 않게 조조를 독살하는 결과를 낳았을지도 모를 일이고요.

현대 의료에서 편두통 치료에 보툴리눔 독소를 사용하는 경우는 있지만, 피토휘의 깃털에서 나오는 성분과는 다르며, 그냥 마시는 것이 아니라 근육에 주사를 하는 방식이니 짐주를 마시는 것과는 매우 다르다고 할 수 있습니다.

물론 당시의 의학적 시각에 따르면 모든 약에는 독이 있고, 또 모든 독은 약으로 쓸 수 있습니다. 하지만 무엇이든지 너무 과하게 복용했다면 부작용이 발생했을 가능성이 높지요.

반드시 칡이나 짐주가 아니어도 마찬가지입니다. 그만큼 도교, 그리고 방술에 심취해 있었다면, 다른 부작용이 많은(하지만 당시에는 몸에 좋다고 알려진) 식재료를 섭취했을 가능성도 높으니까요.

어떤 이유에서든 두통에 자주 시달렸다면, 정상적인 몸 상태로 활용할 수 있는 시간이 많지는 않았겠습니다. 그러니 정치도, 평소 생활도, 효율성을 극대화하며 활동해야만 했겠지요. 심지어 사이사이 여자도 만나며 25남 6녀를 봤으니까요.

반대로 두통이 없는 날에는 그만큼 활용할 수 있는 시간이 남았겠지요. 그럴 때 노력을 너무 오랫동안 하지 않아도 되고, 간단히 즐길 만한 활동, 그것이 조조에게는 예술 활동 아니었을까요? 그렇다면 대부분의 예술 활동이 '간결'한 이유도 설명됩니다.

아름다움이란 예술가가 온갖 영혼의 고통을 겪으면서 이 세상의

> 혼돈에서 만들어내는, 경이롭고 신비한 것이야.
>
> 서머싯 몸, 『달과 6펜스』

반대로, 두풍 때문에 예술적 영감이 샘솟았을 수도 있습니다. 고통이 창작의 원동력이 된다는 격언처럼, 조조도 자신의 고통을 창작의 한 요소로 승화시켰을 가능성이 있습니다. 영혼(보다는 신체)의 고통을 겪으면서, 이 세상(난세)의 혼돈에서 만들어내는 예술이라고 해도 그럴듯하지 않을까요? 물론 아픈 와중이니 오랫동안 공을 들이기는 어려울 테고, 그렇게 간결함을 추구하게 되었다는 가설도 만들어봅니다.

어떻게 되었든, 조조는 두통 속에서도 정치, 예술, 군사 등 모든 분야에서 효율성을 극대화하며 인상적인 족적을 남겼습니다.

현대 의학으로 조조의 두통이 잘 조절되었다면, 높아진 삶의 질 덕분에 지금 전해지는 역사 속 모습보다는 좀 더 인자하고 온화한 군주로서의 통치를 보였을지도 모릅니다.

그랬다면 유비는 '반(反)조조'의 기치를 내걸지 못했겠지요. 조조가 『삼국지』의 주인공이 되었을 수도 있고요. 대신 조조의 예술 작품은 조금 더 지루하고, 조금 더 장황해지지 않았을까요?

09
패국(沛國)의 화타, 신의(神醫)가 되다

현대 의학으로 해석하는 화타의 질병 치료기

　이 인물은 편작(扁鵲)과 함께 중국의 전설적인 명의로 알려져 있습니다. 내과, 외과, 부인과 등 다양한 분야에서 탁월한 능력을 발휘하고, 약재의 정밀한 사용과 침술, 수술 등으로 환자들을 치료했다고 알려져 있는데요, 후한 말에 활동한 이 인물은 누구일까요?

　위와 같은 문제가 퀴즈 프로그램에 나온다고 생각해 봅시다. 『삼국지』를 읽지 않은 사람들도 해당 문제에 답은 쉽게 맞힐 수 있을 듯합니다. 『삼국지』 완독 여부와 무관하게, 화타(華佗)라는 이름은 이미 널리 알려져 있으니까요.

　이름뿐만이 아닙니다. 『연의』에 나온 화타의 일화는 이미 각종 온라인 커뮤니티에서도 흔하게 찾아볼 수 있습니다. 특히 마취도 없이 관우의 어깨뼈에서 독을 긁어냈다는 이야기나, 조조의 두통을 치료하기 위해 머리를 도끼로 쪼개자고 했다가 의심을 사 죽은 이야기가 그렇지요.

둘 다 『연의』의 창작이기는 합니다. 관우가 마취 없이 수술 받은 것은 『정사』에도 기록된 사실이지만, 집도의는 화타가 아니었습니다. 조조의 머리를 쪼개려 했다는 것은 『정사』 및 사서에 기록되지 않은, 나관중이 지어낸 이야기고요.

하지만 그렇다고 해서 화타가 대단하지 않았다는 뜻은 아닙니다. 『정사』 및 사서에 적힌 화타의 의술은 믿기 어려운 수준입니다.

『정사』와 『후한서』에 등장하는 화타의 신묘한 활약상을 하나씩 살펴보고, 현대 의학적으로 해석해보도록 하겠습니다.

과(科)를 가리지 않는 활약

1. 약 처방에도 정통했다. 질병을 치료하기 위해 약을 끓일 경우에는 불과 몇 종류의 약재를 합쳐 끓였으며, 마음속으로 약품의 분량을 가늠하고 다시 저울로 재지 않았다. 끓여서 익으면 환자에게 먹이고 약을 복용할 때의 주의 사항에 대해 얘기해주었다. 이와 같이 하여 약을 먹으면 병이 완쾌되었다.

만일 뜸질을 해야 할 경우라면, 7, 8회만 해도 병세가 사라졌다. 만일 침을 놓아야만 될 경우라면 한두 곳 만을 선택하여 침을 놓으면서 환자에게 말했다. "침은 어떤 지점까지 찔러야만 합니다. 만일 그

곳까지 찔려 들어갔다면 말씀하십시오."

환자가 '벌써 도달했습니다'라고 말하면 즉시 침을 뺐으며, 환자의 병세 또한 차도가 있었다.

이 일화를 보면 화타는 약학에 대한 지식이 상당히 뛰어났을 가능성이 높습니다. 수많은 약재의 약효와 부작용을 알아야 환자에게 적절하게 사용할 수 있고, 또한 각 약재의 필요량을 알고 적당한 유효 성분 추출 방법을 알아야 하며, 유효 성분 간의 상호 작용이 일어나는 방식에 대해 이해하고 있어야 환자에게 효과적이면서도 부작용이 최소화되는 약을 조제할 수 있습니다. 고대 중국에 살며, 적절한 도구도 충분하지 않은 상황 속에서 수많은 약을 만들어냈다는 것은 '신기(神技)'라는 표현이 부족하지 않습니다만, 이미 임상시험을 거쳐 만들어진 약품을 처방하는 것에도 여러모로 고민할 일이 많아지는 현대의 의사 입장에서는 '정말 가능한 일이었을까?' 하는 의심이 들기도 합니다.

화타는 약학뿐만 아니라 뜸과 침술 같은 기술도 환자 치료에 적절하게 활용한 것 같은데, 이 중에서 화타의 침술은 어찌 보면 위험천만해 보이기도 합니다. 인체의 깊은 곳까지 침을 넣어야 한다면, 장기나 혈관을 피하는 것이 쉽지 않을 수 있기 때문입니다. 물론 화타가 해부학적인 지식이 뛰어났다면 어느 정도 가능할 수는 있지만, 고대 중국의 의사들이 해부학에 정통했는지에 대해서는 정확히 알기 어렵습니다. 고대의 유물 중에서 침을 놓기 위한 경혈 관련 지식이 담긴 서적이 발견되기도 하고, 사형수를 능지처참하는 과정에서 해부학적 지식을 얻기도 했다는 내용들이 전해지기도 하지만, 중국의 유교 문화에서는 사람의 몸을 해부하는 것이 불경한 것으로 여겨졌기에, 고대 중국의 의사들의 해부학적 지식은 시체 해부를 기반으로 하진 않았던 것으로 보입니다.[1]

물론 현대 의사들이 사용하는 '통증유발점 주사(Trigger point injection)'와 같이, 근육의 수축과 긴장의 원인이 되는 유발점을 찾아서 찌르는 방식으로 침술을 사용한 것이라면 비교적 안전했을 가능성도 있습니다(이런 방식이라면 환자가 바늘이 근육에 들어온 것을 느꼈을 수도 있죠).

화타의 침술이 과연 어떠한 방식으로 시행되고 어떠한 효과를 일으켰는지에 대해서는 현대를 살아가는 의사의 입장에서도 상당히 궁금하긴 합니다.

2. 만일 신체 내부에 병이 있는데 침과 약으로는 환부에 미칠 수 없어 절개를 해야만 할 경우에는 환자에게 마취약을 먹여 잠시 취한 듯 죽은 듯 지각하는 바가 없게 하고 환부를 잘라 꺼냈다. 만일 창자 속에 질병이 있다면 창자를 잘라 깨끗이 씻어내고, 다시 봉합하여 고약을 붙인다. 4, 5일 후면 차도가 있어 통증이 없고, 환자 또한 스스로 통증을 느끼지 못하게 되며, 한 달 만에 완쾌되었다.

이 기록에 따르면, 화타는 환자의 몸에 칼을 대는 수술적 치료도 시행했던 것으로 보입니다. 그리고 마취를 통한 통증 관리와 환부의 제거 및 적절한 봉합과 상처 부위 염증 관리 등에 대한 개념도 지니고 있는 것으로 추정할 수 있죠. 『연의』나 야사 속에서 관우의 어깨를 치료한 의사가 화타였다고 전해지기도 한다는 점에서, 이 시대에 외과적 수술의 선구적인 역할을 화타가 담당한 것일 수도 있고, 아니면 우리의 생각보다는 고대 중국의 외과적 시술이 꽤 발달해 있었을 가능성도 있습니다. 그래도 화타의 능력이 정말 대단하다고 볼 수 있는 것이 단순히 외상에 대한 수술을 했을 뿐만 아니라, 내부 장기에 대한 수술도 시행했다는 부분입니다. 현대에도 내부 장기에 대한 수술을 시행하려면 전신 마취를 위한 준비와 무균적인 수술 환경, 숙달된 외과 전문의 및 보조인력 등이 필요합니다. 이차 감염 예방 및 환자의 회복을 위한 수술 후 관리 역시 절대 쉬운 일이 아니죠. 고대에 마취 약제만을 가지고(인공호흡기나 생체징후 관찰을 위한 모니터링 장비도 없이), 혼자서 환자의 배를 가르고 수술을 시행하고 봉합하고 감염 관리까지 모두 시행했다면? 넷플릭스 드라마 속 천재 외상외과 의사도 도달하기 어려운 경지일 것입니다.

3. 옛날에 감릉의 상(相)으로 있던 사람의 부인이 임신한 지 6개월이 되었는데 복통으로 편안하지 못했다. 화타는 그의 맥을 짚어보고 말했다. "태아는 벌써 죽었습니다."

사람을 시켜 손으로 더듬어 태아의 위치를 살피게 하고, 왼쪽에 있으면 사내아이이고, 오른쪽에 있으면 여자아이라고 했다.

위치를 살핀 사람이 말했다. "왼쪽에 있습니다."

그래서 탕약을 배합하여 태아를 씻어 내리니, 과연 내려온 것은 사내아이의 모습이었고, 즉시 통증이 사라졌다.

화타는 산부인과 지식도 갖추고 있었던 것 같습니다. 가히 걸어다니는 종합병원이라고 할 수 있는데요. 화타는 임신 중 태아 사망에 의해 발생한 복통을 진단했을 뿐만 아니라 약물로 유도분만을 시도하여 사망한 태아가 배출될 수 있도록 한 것으로 볼 수 있습니다. 진맥으로 태아의 사망을 진단하고 태아 위치로 아이의 성별을 구분하는 것은 현대 의학적으로는 설명하기 어려운 부분이지만(현대에는 초음파로 태아의 움직임이나 심박동을 관찰하여 진단하죠), 적절한 진단을 통해 산모의 건강을 지킨 것은 놀랍기 그지없습니다. 현대에도 임신 초기의 유산 치료에는 소파술 등의 수술적 방법을 이용하지만 후기가 될수록 유도분만과 같은 방법을 사용한다는 점에서도 화타의 치료 방법이 상당히 과학적으로 보입니다.

4. 현(縣)의 관리 윤세(尹世)는 사지에 열이 나고 입안이 마르고, 사람들의 목소리를 들으려 해도 들리지 않고, 소변도 순조롭지 못하였다. 화타가 말했다. "시험 삼아 뜨거운 음식을 먹어보아 땀이 나면

쾌차하고, 땀이 나지 않으면 사흘이 지난 후에 죽을 것입니다."

즉시 뜨거운 음식을 만들어 먹었지만 땀이 나지 않았다. 화타가 말했다. "장기가 이미 체내에서 끊어졌습니다. 눈물을 흘리며 울어야만 기를 이을 수 있습니다." 과연 화타의 말과 같았다.

이 내용만으로는 정확히 윤세라는 관리가 앓고 있는 질환이 무엇인지 알기는 어렵습니다. 그러나 열이 난 이후 입안이 마르고 소변이 나오지 않을 정도라면 전신감염과 발열로 인해 발생한 탈수(dehydration)로 인한 급성신부전증(Acute Renal Failure)으로 추측해볼 수 있습니다.

급성신부전의 증상을 완화하기 위해서는 수분 제한, 전해질 균형, 산-염기 균형, 충분한 칼로리 공급이 필요하고, 이후에 나타날 수 있는 다양한 합병증 예방 및 치료의 병행이 필요합니다. 그러나 화타가 사는 시대에는 환자의 상태를 파악할 검사 방법이나 치료를 위한 의료 기구(하다못해 링거라든지, 신장 기능이 많이 떨어졌을 때를 대비한 혈액투석 기구라든지)도 전무했으므로 정확한 환자 상태의 파악이나 치료는 어려웠을 것입니다. 결국 환자가 스스로 나아질 가능성이 있는지 없는지 정도만 파악할 수 있었을 텐데, 뜨거운 음식을 먹고 땀이 배출될 정도라면 자율신경계(고대 중국의 의사가 알지는 못했겠지만)를 포함한 어느 정도 신체의 기능이 유지된다고 판단하여 회복 가능하다고 이야기했을 수도 있습니다. 불행히도 이 환자의 경우엔 그렇지 못했기에 결국 회복하지 못하고 사망한 것으로 보입니다.

    5. 부(府)의 관리 예심(倪尋)과 이연(李延)이 함께 화타에게 가서 진찰을 받았는데, 두 사람 모두 두통과 전신에 열이 있었으며, 느끼는 고통이 똑같았다. 화타가 말했다.

    "예심은 설사를 해야만 되고, 이연은 땀을 내야만 합니다."

    어떤 사람이 병은 같은데 치료 방법이 다른 것을 이상하게 생각하자, 화타가 말했다. "예심은 체질이 겉으로 튼실하고, 이연은 속이 튼튼하기 때문에 당연히 다르게 치료해야 합니다."

    즉시 각자에게 약을 주었는데, 다음 날 아침 두 사람 모두 병이 완쾌되어 일어났다.

    겉으로 보이는 증상이 비슷해도 다른 원인에 의해 발생할 수 있음을 판단하는 것 역시 의사가 갖춰야 할 소양 중의 하나입니다. 이러한 것을 현대 의학에서는 감별진단(differential diagnosis)이라고 부릅니다. 위의 두 환자도 주로 호소하는 증상이 두통과 발열이었지만, 화타는 좀 더 자세히 문진과 진찰을 해보고 나서 이 증상들의 원인이 전혀 다른 것임을 파악했을 것입니다.

    예심의 경우엔 장염에 의해 발생한 발열과 이에 따라 나타난 두통이었기에 우선은 원인이 되는 장염 증상이 완화되는 과정이 필요하며, 설사 증상 등이 지나가고 나면 좋아질 것이라 이야기했을 가능성이 높습니다. 이에 반해 이연의 발열과 두통은 그냥 바이러스성 감염에 따른 감기 몸살 증상이었을 수도 있고요. 이런 경우에는 결국 고열이 나다가 발한이 있고 나서 어느 정도 회복이 되는 식으로 진행될 수 있으므로 '땀을 내야 한다'고 설명했을 것으로 보입니다.

결국 두 환자 모두 건강을 회복했으니 해피엔딩이죠.

6. 염독(鹽瀆)의 엄흔(嚴昕)이 몇 사람과 함께 화타를 찾아왔다. 그들이 도착하자마자 화타가 엄흔에게 말했다.

"당신의 몸은 좋습니까?"

엄흔이 말했다. "평상시와 같습니다."

화타가 말했다. "당신에게 화급을 다투는 병이 있는 것이 얼굴에 나타나는군요. 술을 많이 마시지 마십시오."

엄흔 등이 담소를 마치고 집으로 돌아가는데 몇 리를 가다가 엄흔이 갑자기 현기증을 느끼며 수레 위에서 떨어졌다. 사람들은 그를 부축하여 수레에 태워 집으로 돌아왔지만, 이튿날 밤에 죽었다.

이 글만 보면 화타가 신내림이라도 받은 것 같지만, 엄흔이 평소에 술을 즐겨 마시는 중년 남성이라고 추정한다면 화타가 봤을 때 이미 뇌졸중의 증상이 나타나고 있었을 가능성이 높습니다. 본인은 느끼지 못했지만 입 주위 근육이 처지는 양상의 중추성 안면마비 증상이 화타의 눈에는 보였던 것 아닐까요? 화급을 다투는 질환인 뇌졸중의 증상이 보이니 술을 마시지 말고 안정을 취할 것을 권유했으나 엄흔은 화타의 말을 듣지 않았던 것 같습니다. 돌아가는 길에 갑자기 현기증을 느끼고 쓰러져 사망한 것을 볼 때 뇌간(brainstem) 부위에 뇌졸중이 발생했고 밤사이에 병변이 커져서 결국 사망에 이른 것으로 생각됩니다.

현대라면 엄흔이 뇌졸중의 골든타임 안에 치료를 받아서 살아남았을(후유증이 남을 수도 있겠지만) 가능성도 생각해볼 수 있습니다.

7. 이전에 독우(督郵)를 지낸 돈자헌(頓子獻)이 병에 걸렸다가 쾌차하여, 화타에게 진맥을 짚어보게 했다.

화타가 말했다. "몸은 아직 허약하며 원래대로 회복되지 않았으니, 성관계를 하지 마십시오. 하면 곧 죽게 될 것입니다. 만일 죽게 된다면 혀를 몇 촌 내놓을 것입니다."

돈자헌의 아내는 돈자헌의 병이 좋아졌다는 것을 듣고 백여 리 밖에서 와서 그를 살펴보고는 밤에 그의 집에 머물며 교접을 해, 3일 만에 도로 발병하였다.

엄흔에 이어 의사 말을 듣지 않는 환자입니다.

돈자헌의 병증에 대해서는 정확한 묘사가 없기에, 과연 그가 어떠한 질병에 걸렸던 것인지는 정확히 알기 어렵습니다. 그러나 아직 몸이 허약하여 원래대로 회복되지 않았다는 표현이나 성관계를 당분간 삼가라는 표현 등이 나오는 것을 보면, 엄흔처럼 일종의 뇌혈관 질환을 앓았던 것 아닌가 싶습니다.

뇌혈관질환 환자에게 성관계 자체가 절대 금기인 것은 아니며, 뇌혈관질환의 재발 위험도를 높인다는 증거는 없으나 성관계에 의한 심박동과 혈압의 증가 및 성적 흥분감으로 인한 자극이 혈관의 분절성 수축을 일으켜 두통이나 뇌출혈 등이 발생할 수도 있습니다.[2]

또한, 심장에 '난원공 개존증(Patent Foramen Ovale: 심방 중격 사이에 구멍이 남아 있는 것)'이 있는 사람들에게서 성관계 중 뇌졸중이 발생한 경우도 드물지만 보고되고 있습니다.[3]

돈자헌이란 사람도 위와 같은 특수한 경우에 해당되어 성관계에 의해 유발된 뇌졸중 증상이 있었다면 화타로서는 원인이 될 수 있는 성관계를 피하라고 당부했을 것입니다. 그러나 의사의 충고를 무시한 열정적인 부부는 결국 재발의 고통에 직면하게 되었습니다.

8. 독우 서의(徐毅)가 병이 들었으므로 화타가 가서 그를 진찰해 보았다. 서의가 화타에게 말했다. "어제 의료 담당 관리인 유조(劉組)를 시켜 위에 침을 놓게 한 후에 찌르는 듯한 고통이 와서 누워서 편안히 잘 수가 없었소."

화타가 말했다. "침을 위에 찌르지 않고 잘못하여 간을 찔렀습니다. 먹는 것이 하루하루 줄어들고, 닷새가 지나면 구할 수 없습니다." 이와 같이 되었다.

사실 침으로 위를 찔러도 안 되긴 합니다. 현대 의학적으로는 간이든 위든 침으로 찌르면 위험할 수 있기 때문입니다. 위천공(위암과 위궤양으로 인해 발생할 수 있습니다)은 심각한 통증과 복막염을 초래하고, 간에 천공이 발생(보통은 간생검이나 담낭염 증상 등에 의해 발생)할 경우에는 중등도 이상이 통증이 발생할 수 있으며 실제 위나 간에 천공이 발생한 경우엔 응급수술이 필요합니다.

이 일화 속의 위와 간이란 한의학적인 맥락으로 오장 중 위장과 간장에 연결된 경혈을 의미하는 것일 수도 있지만, 어쨌든 갑자기 사망에 이를 정도면 실제로 장기가 손상되었을 가능성이 있습니다. 서의가 의인성 간 천공에 의해 사망한 것이라면 정말 안타까운 일입니다. 현대라면 수술적 치료를 시도해볼 수 있었을 테니까요. 한편으로는 장기에 대한 수술도 집도했다고 전해지는 화타가 왜 이 환자에게서는 수술을 시행하지 않은 것인지 궁금합니다.

9. 동양현(東陽縣) 진숙산(陳叔山)의 작은아들이 두 살 때 하리(下利: 이질 등의 설사병)에 걸려 항상 먼저 울었으며, 하루하루 쇠약해져 갔다. 화타에게 묻자 화타가 말했다.

"이 아이의 어머니가 아이를 가졌을 때, 태아를 자라게 하는 데 양기가 집중되었으므로 모유를 먹는 아이는 어머니의 차가운 성분을 섭취하였기 때문에 나을 수 없습니다."

화타는 네 가지 물건을 합쳐 만든 여완환(女宛丸)을 주었는데, 열

흘 후에 병세가 사라졌다.

화타는 유아기에 설사가 반복되는 증상을 지닌 환아를 사물여완환(四物女宛丸)이라는 약으로 치료했다고 하는데(소아청소년과도 정복 중이신 화타님), 위의 기술만으로는 환아가 정확히 어떠한 병인지 파악하기 어렵습니다. 태어나서 모유를 먹으며 자라는 아이는 많고, 그 아이들이 전부 다 배변에 문제가 생기는 것은 아니기 때문입니다.

원인은 명확하지 않으나 모유 수유에 대한 언급이 들어간 것을 볼 때, 진숙산의 아들은 통상적인 경우보다 좀 더 길게 모유 수유를 유지했던 것일 수도 있습니다. 모유 수유를 길게 하다가 이유식으로 전환하면서, 식이 변화에 따라 변비나 설사가 발생했던 것은 아닐까 싶습니다. 그리고 이를 해결하기 위해 화타는 일종의 천연 정장제를 만들어 처방하고 호전을 기다렸을 가능성도 있습니다.

10. 팽성(彭城)의 부인이 밤에 변소에 갔다가 전갈에 손을 쏘여 신음소리를 내며 아파했지만 치료할 방법이 없었다. 화타는 사람을 시켜 탕약을 뜨겁게 하여 그 속에 손을 씻어내도록 히였다. 이렇게 하니 즉시 잠을 잘 수 있었는데, 옆에 있는 사람이 여러 번 탕약을 바꾸어 탕약의 온도를 따뜻하게 유지하였다.

날이 새자 쾌차했다.

이제는 응급의학과 영역에 진출 중인 화타입니다. 현대의 응급실에도 다양한 동물에 물린 이후 방문하는 환자들이 종종 있으니까요.

전갈에 물린 경우에는 보통 그 부위에 국소 통증이나 열감, 부종, 따끔거림이 나타날 수 있으며, 전갈의 독이 강할 경우에는 신경독 성분에 의해 호흡 곤란, 발한, 혈압 상승, 빈맥, 근육 경련 등의 전신 증상이 나타날 수 있습니다.

전갈에 물린 부위에 냉찜질을 해주면(동상이 발생할 만큼 너무 과도하게 하지는 말고…), 통증 완화에 도움이 되는데 전갈의 사진을 찍어서 병원에 방문하는 것이 정확한 치료 방향을 정하는 데 도움이 될 수 있습니다.

중국이나 한국에 주로 서식하는 전갈인 '극동전갈(Chinese golden scorpion)'은 중동이나 아프리카에 서식하는 전갈들에 비하면 독성이 약한 편이라 쏘여도 크게 위험하진 않다고 합니다만, 어린이나 노인처럼 면역력이 약한 사람의 경우에는 위험할 수 있으니 이런 경우에는 병원을 방문하여 진료를 받고 필요 시 항독소 치료 등을 받아야 할 수도 있습니다.

위의 이야기 속 팽성의 부인의 경우에는 오히려 따뜻한 온도의 탕약에 손을 담갔다고 나오는데, 탕약에 무언가 항염증이나 진통 작용을 낼 수 있는 성분이 들어 있던 것 같습니다. 현대의 응급실에서 하는 처치와는 많이 다르지만, 전갈에 물린 상처까지 치료 가능한, 만능 의사다운 활약이라고 볼 수 있겠습니다.

11. 군대의 관리인 매평(梅平)이 병에 걸려 업무를 쉬고 집으로 돌아왔다. 집은 광릉현(廣陵縣)에 있었는데, 2백 리를 남겨두고 친척 집에서 머물렀다. 오래지 않아 화타가 우연히 주인집에 오게 되었고, 주인은 화타에게 매평을 보도록 했다.

화타가 매평에게 말했다. "당신이 일찍 나를 만났다면 이 지경에 이르지는 않을 수 있었을 것입니다. 지금 질병이 이미 다했으니, 빨리 집으로 가서 가족들과 만나십시오. 닷새 후면 죽습니다."

매평은 즉시 돌아갔고, 죽은 날은 화타가 예측한 것과 같았다.

화타의 신통함을 강조하기 위한 일화로 보입니다. 닷새라는 단기간의 기대여명을 예측하는 것은 몇 개월이나 몇 년 단위 예측보다 더 어려울 수 있으니까요. 물론 매평의 병색이 너무나도 완연했을 가능성도 있지만, 어쨌든 화타는 놀라운 예측 능력을 또 다시 보여줍니다. 여기서 또 하나 주목할 점은 치료가 불가능한 질환에 대해서는 본인의 한계를 바로 인정하고 환자가 가족들과 시간을 보낼 수 있도록 해주었다는 점입니다. 불가항력적인 상황에 대해 의사를 원망하지 않을 뿐만 아니라 의사의 판단을 신뢰하는 매평과 완화의료적인 관점에서 환자의 마지막을 존엄하게 정리할 수 있게 도와주는 화타의 모습이 현대를 사는 의사의 입장에서도 여러 가지 생각할 거리를 줍니다.

12. 화타가 길을 가는 도중에, 목구멍이 막히는 병에 걸린 사람이 음식을 먹으려고 했지만 먹지 못하자 집 식구들이 수레에 태워 의사에게 가려고 하는 것을 보았다.

화타가 그 사람의 신음소리를 듣고 수레를 멈추게 하더니 살펴본 이후 그들에게 말했다.

"방금 지나온 길에 있는 빵 파는 집에서 마늘을 부수어서 시게 만든 것이 있으니 석 되를 사서 먹이면 병이 자연스럽게 없어질 것입니다."

화타의 말처럼 했더니 환자는 즉시 뱀 한 마리를 토해냈다. 토해낸 뱀을 수레 옆에 걸고 화타를 방문하니, 화타는 아직 돌아오지 않았고 어린아이가 문 앞에서 놀고 있었는데, 아이가 이들을 맞이하며 말했다. "우리 아저씨를 만난 것 같군요. 수레 옆에 뱀을 매단 것을 보니."

환자는 화타의 집 북쪽 벽에 이런 뱀이 수십 마리 매달려 있는 것을 보았다.

약간은 전래동화 같은 이야기입니다. 고대 중국에서도 뱀을 식재료로 사용한 요리가 있었다고 하나(일종의 탕이나 수프 같은 형태) 이런 식으로 통으로 삼키는 방식은 실제하는 식사 방식이라고 보기 어렵기 때문입니다(혹시라도 산낙지 먹기 같은 걸까요?). 어쨌든 이 이야기를 보면 화타가 사는 지역(현대 중국의 안후이성)에서 '뱀을 통으로 먹기 대회'

라도 열린 것인지 수많은 사람들이 뱀을 먹고 식도까지 막히는 경험을 한 것 같습니다. 원인을 파악하고 '뱀 유발성 식도 폐쇄증'을 해결한 화타의 능력에 감탄하게 됩니다. 화타는 이러한 자신이 꽤 자랑스러웠던 것일지도 모르겠습니다. 집의 북쪽 벽에 트로피처럼 뱀들을 전시해 놓을 정도로요.

13. 어떤 군의 태수가 병이 들었다. 화타는 그 사람이 크게 화를 내면 차도가 있을 것이라 생각하였다. 그래서 그에게 많은 돈을 받고 치료를 하지 않았으며 오래지 않아 환자를 내버려두고 떠나면서, 태수를 욕하는 편지를 남겼다. 태수는 과연 매우 화를 크게 냈으며, 사람들을 시켜 화타를 추격하여 잡아 죽이도록 했다. 태수의 아들은 화타의 의도를 알기 때문에 수하 관리들에게 쫓지 말도록 했다. 태수가 크게 분노하더니 검은 피를 토하자 병이 낫게 되었다.

이 역시 약간은 전래동화나 설화에 가까운 이야기로 보입니다만, 화타가 태수를 보고 '화를 내야 좋아질 것'이라고 판단한 부분에서 일종의 정신건강의학과적인 접근을 한 것이 아닐까란 생각이 듭니다. 스트레스를 많이 받았으나 그것을 밖으로 표현하지 못해 '신체화장애'가 발생한 태수에게 분노를 표출하도록 유도하는 방식의 심리 치료를 시행한 것이죠. 검은 피를 실제 토했는지는 알 수 없지만, 화를 내는 것만으로 태수의 병이 좋아졌다면 정신적인 문제였을 가능성을 고려해볼 수 있습니다.

14\. 또 한 사대부가 있었는데, 몸이 불편하였다. 화타가 말했다. "그대의 병은 깊습니다. 배를 잘라 절제해야만 합니다. 그러나 당신의 수명 또한 10년을 넘지 못할 것이니, 질병이 그대를 죽일 수는 없을 것입니다. 10년간 질병을 참아낼 수만 있다면 수명과 함께 질병이 다할 것이므로 특별히 절제할 필요는 없습니다."

사대부는 고통을 참지 못하고 그것을 반드시 절제하려고 했다. 화타는 마침내 수술을 했고, 환부는 빠르게 좋아졌는데, 10년이 지나 결국 죽게 되었다.

이 이야기 속에서도 화타는 장기를 절제하는 외과의로 활약하고 있습니다. 복강 내 특정 장기에 문제가 생겨 환자는 불편감을 호소하고 있고 이를 치료하기 원하지만, 환자의 기대여명이 10년이므로 수술을 꼭 시행할 필요는 없다고 설명하는 화타의 모습이 인상적입니다.

이야기 속의 정보만으로는 복강 내 장기에 있는 질병으로 수명이 10년 남았다는 것인지, 혹은 다른 질환으로 인해 기대여명이 길지 않은 것인지에 대해 명확히 알기 어렵습니다(그냥 나이가 제법 많은 사람일 수도 있으니까요). 현대에도 특정 질환으로 인한 환자의 기대여명을 정확히 추정하기란 쉽지 않습니다.

말기암 환자에서도 통계적인 여명을 제시할 뿐이지 의사의 예측이 반드시 맞기는 어렵습니다. 그러나 화타는 비교적 명확한 10년이라는 기한을 제시했고 환자가 불편감을 호소하는 질환이 불편할지언정 치명적이지 않은 것임을 진단한 상태입니다. 어쨌든 고대 중국의 의료 환경에서 수술을 하는 것이 쉬운 일은 아니기에 환자에게 질병에 대해 설명하고 치료 방향을 선택할 기회(환자의 자기결정권 존중)를 준 것으로 생각됩니다. '10년 예측'의 신묘함을 제외하고 본다면 굉장히 현대적인 의사-환자 간의 의사결정과정이 아닐까 싶습니다.

15. 이장군(李將軍)의 부인이 병세가 심각하였으므로 화타를 불러 맥을 짚어보도록 했다. 화타가 말했다. "유산이 되었습니다만, 태아가 모체에서 떨어지지 않았습니다."

이장군이 말했다. "유산이 확실하다면 태아는 이미 떨어진 것이라고 들었소."

화타가 말했다. "진맥에 의하면, 태아는 아직 떨어지지 않았습니다."

이장군은 그렇지 않다고 생각했다. 화타는 진료를 멈추고 떠났다. 부인의 병세는 점점 호전되었다. 백여 일 후에 병이 재발하였으므로, 다시 화타를 불렀다. 화타가 말했다.

"이 맥의 관례에 따라 판단하면, 태아는 아직 있습니다. 이전에 두 아이가 생겼는데, 한 아이가 먼저 나오면서 출혈이 매우 많았고,

뒤의 아이는 아직 출생하지 못했습니다. 산모는 자각하지 못했고, 주위에 있는 사람들 또한 깨닫지 못했으며, 이어서 낳지 않았기 때문에 출생하지 못한 것입니다. 태아는 죽었고, 어머니의 혈맥이 다시 태아에게 돌아가지 않으니, 태아가 말라서 어머니의 등골뼈에 붙어 있었기에 등골뼈에 통증이 많았던 것입니다. 지금 탕약을 주고, 아울러 한 곳에 침을 놓으면, 죽은 이 태아는 반드시 나올 것입니다."

탕약과 침을 모두 사용하자, 부인의 격렬한 통증이 아이를 낳을 때와 같았다. 화타가 말했다. "이 죽은 태아는 너무 오래 말라 있었으므로 스스로 나올 수 없습니다. 응당 다른 사람에게 그것을 찾도록 해야 합니다."

과연 죽은 한 사내아이를 꺼냈는데, 손과 발이 모두 온전하게 갖추어져 있었고, 안색은 검었으며, 몸은 1척쯤 되었다.

이번에도 산과 진료를 수행하는 화타입니다. 이장군의 부인은 쌍태임신 중 한쪽은 사산을 하였고(이를 유산이라 판단한 것 같습니다) 나머지 태아는 태내에서 사망한 채로 출산 되지 못하고 부인의 자궁 내에 남아 있던 상태였습니다. 고대 중국에서 초음파를 이용한 산전 검진이란 개념이 있을 수 없을 테니 쌍태임신인 것을 정확히 알지도 못했을 것이고, 그래서 한 아이가 출산된 이후 사망한 태아가 부인의 자궁 속에 남아 있는 것은 상상하지도 못했을 겁니다. 결국 뒤늦게 태내에 남아 있는 사산아의 존재를 알아낸 화타의 신묘한 능력으로 유도분만과 같은 조치를 취할 수 있었고, 이장군의 부인은 건강을 되찾을 수 있었습니다. 물론 두 아이를 잃은 어머니의 슬픔을 다 헤아릴 수 없겠지만 말입니다.

16. 군대의 관리 이성(李成)은 고통스러운 기침으로 밤에도 낮에도 잠을 잘 수가 없었으며, 항상 피고름을 토하였으므로 화타에게 물었다. 화타가 말했다.

"그대의 병은 장에 종기가 난 것입니다. 기침할 때 토하는 피고름은 폐에서 나오는 것이 아닙니다. 그대에게 두 전(錢)의 가루약을 주겠습니다. 두 승(升)쯤 되는 피고름을 토하고 마음이 유쾌해지고, 기를 갖고 자애롭게 한다면 1년이면 건강하게 될 것입니다. 18년이 지나면 한 차례 작은 발작이 있을 것인데, 이 가루약을 복용하면 또한 병세는 회복될 것입니다. 만일 이 약을 얻지 못한다면 죽게 될 것입니다."

그러고는 두 전의 가루약을 주었다. 이성이 약을 얻은 후, 5~6년이 지났을 무렵 친척 중에 이성과 똑같은 병에 걸린 자가 있었는데, 이성에게 말했다.

"그대는 지금 건강하고, 나는 죽으려고 합니다. 어떻게 병이 없으면서 약을 수장하고 장차 올 병에 대비하며 견디십니까? 먼저 나에게 주면 나는 병이 치료될 것이고, 다시 당신을 위해 화타에게서 구해오겠습니다."

이성은 약을 그에게 주었다. 병이 완치되어 초현으로 갔지만, 마침 화타가 붙들려갔으므로 화타에게서 약을 구하지 못했다. 18년 후, 이성은 병이 재발했지만, 약을 복용할 수 없어 죽게 되었다.

이 이야기 속 이성이란 관리는 위장관 내에 '종기(농양)'가 생겨서 그로 인한 피고름이 위식도역류 증상을 일으켰던 것 같습니다. 위식도역류 증상이 심하면 인두가 자극 받아서 마른기침이 나올 수 있는데 이때 피고름까지 같이 토한다면 일반적으로는 폐병이 아닌가 하는 의심이 들 수 있습니다. 그러나 임상 경험이 많았을 것으로 생각되는 화타는, 토혈(위장관 출혈)과 객혈(폐의 출혈)의 차이를 구분할 수 있었을 것이고, 그에 따라 이성의 질환이 위장관에 있음을 진단했을 것입니다.

사실 염증 치료로 인한 완치까지가 현실적인 진료 기록이었을 것 같으며, 18년 이후 상황에 대한 예측과 화타의 죽음으로 이어지는 부분은 화타가 지닌 의술의 신묘함을 강조하면서 이러한 신의(神醫)의 죽음을 안타까워하는 뜻에서 덧붙여졌을 가능성도 있을 듯합니다. 앞에서도 여러 차례 말씀 드렸듯이 정확한 병의 경과나 기대여명 예측은 아무리 뛰어난 의학 지식과 다양한 임상 경험을 지니고 있는 의사라도 무척이나 어려운 일입니다. 위장관계의 질환을 치료 받은 환자의 18년 후의 발작(이것은 신경계 질환일 것입니다)을 예측하고 그때 먹을 약재를 미리 준다는 것은 인간의 영역이라 보기 어려우니까요.

그리고 약재가 그렇게 긴 기간 동안 변성되지 않았다는 점도 난센스이긴 합니다.

2세기의 의사, 사직서를 던지다

위의 이야기들이 명명백백한 사실의 기술이든 혹은 약간의 도시전설이 포함된 것이든 간에 화타는 고대 중국의 의사라는 시대적 한계를 넘어선 의학 지식과 기술을 갖추고 있으며, 의사로서 자기 나름의 철학을 갖추고 있었던 것으로 보입니다. 남녀노소, 지위고하를 가리지 않고 최선을 다해 환자를 치료했으며, 특별히 자신의 지식과 기술에 대해 자만하거나 뽐내는 모습도 없었으며 과도한 치료비를 요구한 것 같지도 않습니다. 그리고 환자에게 질병 경과에 대해 자세히 설명하고 환자의 자기결정권도 존중하는 모습을 보이고 있습니다. 아마 현대에 뚝 떨어져서 다시 의사가 되었더라도 별 어려움 없이 의사 생활에 적응하지 않았을까 싶습니다.

이렇게 대단한 의사 화타는, 사실 스스로의 능력을 부끄러워하고 있었습니다. 『정사』에서는 "본래 선비였으므로 의술을 직업으로 삼은 사람으로 간주되자 마음속으로 항상 부끄러워했다"고 기술합니다.

유교 사회에서는 지식과 도덕적 인격 등의 가치를 중요시하며,

문인을 존중합니다. 후한 말 역시 예외는 아니었습니다. 신체를 다루는 의원은 그보다 사회적 지위가 낮게 여겨졌지요.

가장 가까운 과거인 조선 시대에도 의원은 중인에 해당했습니다. 의원으로서 관직을 얻으려면 기술직을 위한 과거 시험인 잡과(雜科)에 응시해야 했으며, 이 잡과 응시과목에는 의학뿐만 아니라 이학(吏學), 역학(譯學), 음양풍수학(陰陽風水學), 자학(字學), 율학(律學), 산학(算學), 악학(樂學), 서학(書學), 천문학, 화학(畵學), 도학(道學), 지리학, 그리고 복학(卜學) 등이 속해 있었습니다. 정3품 이상의 당상관이 되면 어의(御醫)라 불리고 양반으로 대우 받을 수 있었다고 하지만, 현재처럼 수많은 학생들의 목표라거나 최고의 직업 중 하나로 대우 받는 것은 아니었습니다.

화타 본인도 사실 여러 경전에 달통한, 글깨나 읽은 문인이었습니다. 그러니 그보다 낮은 의원 취급은 마땅치 않았을 것입니다. 화타에게 의원이라는 정체성은, 요즘 표현을 빌리자면 '부캐'에 불과했을지도 모릅니다.

조조에게 사직서를 던진 것도 그 때문이었습니다. 화타의 소견에 따르면 조조의 두풍은 장기간 치료가 필요했는데요, 아마 오랜 시간 동안 의원으로서 일하고 싶지는

화타

않았던 모양입니다. 애초에 『정사』에 "다른 사람을 모셔 녹을 먹는 것을 싫어했다"고 적혀 있을 정도로, 꾸준히 천거를 거부했기도 했고요.

휴가를 받아 고향으로 돌아갔던 화타는, 부인의 병을 핑계로 귀환을 미뤘습니다. 어쩌면 사직서로 보아도 좋겠습니다.

우리나라 헌법 제15조는 다음과 같습니다. "모든 국민은 직업선택의 자유를 가진다." 민주국가라면 기본권으로 보장되는 자유기도 합니다. 그러니 현대 사회였다면, 사직서를 던졌다고 해서 큰일이 일어나지는 않았겠지요.

하지만 당시는 3세기 초입니다. 백제와 신라가 막 자리를 잡아가던, 딱 그만큼 오래된 시기였습니다. 그리고 3세기 초의 지도자는 일반 백성의 직업선택의 자유 정도는 박탈할 수 있었지요(사실 21세기에도 여전히…).

조조는 사람을 보내 화타의 부인이 정말 병에 걸렸는지 살펴보라고 했습니다. 사실이라면 팥 열 섬을 내리고 휴가 기한을 더 늘려주되, 거짓이라면 체포해 압송하도록 시키면서요. 거짓이라면 기군망상(임금을 속이고 윗사람을 농락함) 죄에 해당했거든요. 화타는 결국 감옥에 갇혔으며, 심문을 받고 죄를 시인했습니다.

순욱(荀彧)이 화타의 실력을 아깝게 여겨 구명해주려 했으나, 조조는 단호했습니다. "천하에는 이런 쥐새끼 같은 자가 없어야만 한다"며 끝내 화타를 죽게 했지요.

조조의 이런 결정은 훗날 뼈아픈 결과를 가져왔습니다. 가장 총애하던 아들 조충(曹沖)이 질병으로 죽게 되었거든요. 화타가 있었다면 아들을 살릴 수 있었을 것이라며 후회했지만, 이미 때는 늦었지요. 조충은 결국 열둘의 나이에 요절합니다.

여담으로 화타는 옥에 갇혀 죽기 전, 책 한 권(『연의』에서는 이 책의 제목이 『청낭서(靑囊書)』라고 전합니다)을 꺼내 간수에게 주었습니다. 사람을 살릴 수 있는 책이라고 했다니, 분명 신기에 가까운 자신의 의술이 담겨 있는 의서였겠지요. 하지만 관리는 벌이 무서워 의서를 제대로 읽어보지 않았고, 오히려 화타의 책을 태워버렸습니다.

다만 화타가 고안했다는 '오금희(五禽戲)'라는 건강체조는 오늘날에도 전해지고 있습니다. 중국 의료체육의 효시로서 무형문화유산으로 인정받고 있지요.

'오금희'는 오행(五行)과 더불어 사슴, 새, 원숭이, 호랑이, 그리고 곰의 운동 형태와 특징을 본떠 만든 수련법입니다. 목(木)에 해당하는 사슴을 따라 하면 간이 좋아지고, 화(火)에 해당하는 새를 따라 하면 심장이 좋아지고… 같은 식이지요.

오금희가 해당되는 짐승의 기운을 전해준다는 것은 과학적인 이야기는 아니지만, 저 운동을 묘사한 그림들을 볼 때 상당히 높은 강도의 유산소 운동(High Intensity aerobic Exercise)의 효과를 낼 것으로 예상됩니다.

고강도 유산소 운동은 심혈관계의 건강을 증진하거나 파킨슨

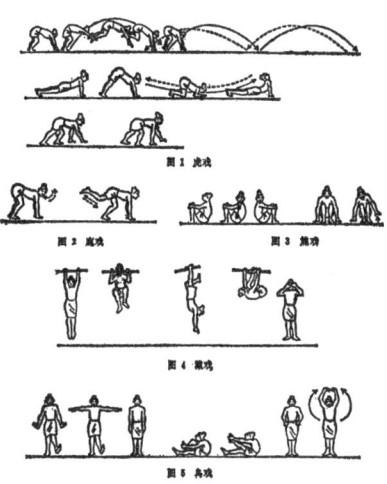

『양생연명록』 중 오금희 복원도

병과 같은 퇴행성 뇌질환에서 증상을 호전시키고 진행 속도를 늦춰주는 효과가 있다고 알려져 있으므로,[4] 오금희를 비롯한 다양한 유산소 운동을 꾸준히 해보는 것은 건강관리에 도움이 될 수 있을 거라 생각합니다. 물론 모든 운동은 부상이 발생하지 않도록 안전하게 하는 것이 가장 중요합니다.

10
후한의 동탁과 위의 허저·조진, 현대인의 고질병에 걸리다

가끔 "내일부터…"라고 운을 뗄 때가 있습니다. 그러면 친구들은 으레 내일부터 다이어트를 하겠다는 이야기구나, 하고 바로 알아듣습니다.

인류가 식량 과잉 시대에 접어든 지는 그렇게 오래되지 않았습니다. 세계 식량의 3분의 1가량이 그대로 버려질 정도입니다. 먹을거리가 필요 이상으로 넘쳐나는 현대인에게 다이어트는 숙명 그 자체입니다. 세계보건기구(WHO)에 따르면 전 세계 성인의 43퍼센트가 과체중 상태랍니다. 미국에서는 70퍼센트 이상이 과체중이라니, 무거운 문제가 아닐 수 없습니다.

과거에는 달랐습니다. 기근도 심심치 않게 일어나던 시대니, 비만보다는 저체중이 훨씬 흔했겠지요.

『삼국지』의 배경인 후한 말도 그렇습니다. 수재(水災)와 해충 피해 등 만성적인 자연재해, 탐관오리의 끊임없는 수탈, 그로 인한 반란과 전란 등으로 식량을 생산하고 싶어도 생산할 수 없었고, 비축할 수 없었지요.

하지만 그 와중에도 과체중을 달성한 사람이 없지는 않았습니다.

"배꼽에 붙인 불이 며칠을 꺼지지 않았다"

『삼국지』 속 가장 유명한 비만인이라면 역시 동탁(董卓)입니다. 얼마나 뚱뚱했는지, 날이 더워지자 시체에서 기름이 나와 땅으로 흘렀답니다. 배꼽에 초를 꽂고 불을 붙이자 며칠씩이나 불꽃이 꺼지지 않았고요. 『연의』의 창작이 아니라 『후한서』에 나오는 기록입니다.

> 동탁의 시체를 길거리에 내놓았다. 동탁은 평소 비만했으므로, 날씨가 뜨거워지자 기름이 땅으로 흘렀다. 시체를 지키던 관리가 동탁의 배꼽에다가 불을 붙였더니 새벽까지도 계속 탔는데 며칠을 꺼지지 않았다.
>
> 『후한서』〈동탁열전〉

이 부분이 바로 워낙 유명해서 『삼국지』를 잘 모르는 분들에게도 잘 알려진 '동탁 배꼽 심지' 이야기입니다. 사람의 배에 심지를 꽂

앉는데 초처럼 불이 붙어서 주위를 밝힌다니…. 잔인하지만 굉장히 흥미로울 수밖에 없는 이야기입니다.

중국 최초의 통일 제국이었던 진나라의 진시황은 자신의 무덤을 밝히기 위한 초를 만들 때 '인어기름'을 썼다고 합니다. 물론 실제 인어는 아니고 아마도 고래와 같은 해양포유류의 기름을 사용했던 것 아닐까 싶습니다.

이후 한나라(기원전 206년~서기 220년) 시기에 들어서면서 중국에서도 밀랍과 동물 기름(소, 양, 돼지 등)을 이용해 만든 초를 사용하기 시작하였던 것으로 보이는데, 동물 기름을 구하기 어려운 서민들은 들기름이나 참기름 같은 식물성 기름을 사용했다고 합니다.

이때 면과 같은 천연섬유나 나뭇가지를 심지로 사용했는데, 심지에 기름이 잘 배어들어야 불이 잘 붙을 수 있었습니다.

동탁의 경우도 복부 지방이 일종의 동물성 기름처럼 작용했을 것으로 보이는데, 죽은 지 얼마 되지 않은 상태였다면 복부 피하지방이 심지에 배어들기는 힘들었을 것입니다. 그러나 저잣거리에 전시되느라 사망하고도 시간이 꽤 경과한 동탁의 시체에서는 지방세포의 세포벽이 파괴되는 과정이 일어났을 것이고 그리하여 복부에 축적된 지방이 죽은 동물에게서 추출한 기름과 같은 상태로 변화했을 가능성이 있습니다.

동탁은 『삼국지』 속 비만의 아이콘으로 여겨지지만, 엄청난 지방만큼 근육량도 상당했던 모양입니다. 소싯적에는 양쪽에 활통을 두 개나 찬 채 말을 달리며 좌우로 활을 쏠 수 있었다고 합니다.

당시에는 등자를 한쪽에만 달았습니다. 탈 때만 쓰는 정도였겠지요. 등자도 없이 말 위에서 균형을 잡는다니, 그 자체로 힘들었겠습니다. 더군다나 활을 쏘려면 양손이 필요합니다. 말을 달리며 좌우로 활을 쏜다는 것은 즉, 다리만으로 말을 통제했다는 이야기입니다. 다리 근육은 물론, 코어 근육까지 상당히 발달해 있었을 듯합니다.

동탁. 초상화에서도 별다른 미화 없이 특유의 비만한 모습을 보여주고 있습니다.

이만한 근력은 나이가 든 후에도 여전했습니다. 여포가 동탁의 뜻을 사소하게 거스르자, 수극(手戟)을 여포에게 던진 적이 있었습니다. 『후한서』에서는 여포가 용력하고 민첩하여 이를 피했다고 전합니다.

수극은 적에게 던질 수 있도록 창자루를 짧게 만든 무기입니다. 이때 동탁은 이미 50대로 추정되는데요, 50대에도 바로 그 여포에게 수극을 날려 (거의) 맞힐 수 있을 정도의 힘은 있었다는 것이지요.

단순한 비만이 아니라 근육량도 굉장히 많았던 것일지도 모릅니다. 원래는 전반적으로 덩치가 크고 근육질이었다가, 정권을 장악한 뒤 급격히 비만해졌을 수도 있습니다.

특히 장안 천도가 결정적이지 않았을까 싶습니다. 반동탁연합이 결성되자, 동탁은 낙양을 떠납니다. 『정사』와 『후한서』에 따르면 이어 미현(眉縣)에 높이와 두께가 7장(약 21미터)의 오(塢: 자급자족이 가능한 요새)를 건설해 30년 먹을 곡식을 쌓았는데요, 동탁 본인은 "일이 성사되면 천하에 웅거하고, 성사되지 못하면 이곳을 지키며 한평생 지낼 것"이라고 말했답니다.

그렇게 안전한 요새에 틀어박혀 있었으니, 마음이 해이해지기도 쉬웠겠습니다. 요새 밖으로 나가지 않았다면, 사냥 등 신체 단련을 즐길 일도 적었을 테고요. 그랬다면 자연스레 살찌기 용이한 환경이 되지 않았을까 추측해봅니다.

수극 사건은 여포의 원한을 사기 충분했습니다. 양아버지가 자기를 죽이러 들었으니 악감정이 생기지 않는 게 더 이상하긴 하네요.

그러던 차에 동탁의 시비와 간통까지 저지르고 나자 원한과 두려움에 휩싸입니다. 그랬던 여포를 왕윤(王允)이 "창까지 던졌다면서 아버지는 무슨 아버지?"라고 꼬드깁니다. 결국 동탁은 여포의 손에 죽고 말지요.

그 유명한 초선(貂蟬)은 '여포와 간통을 저지른 동탁의 시비'를 바탕으로 만들어진 가공인물이지요. 『연의』 이전에 존재했던 『삼국지』 창작물 『삼국지평화』에도 등장하니 나관중의 순수한 창작은 아닙니다. 다만 설정 등은 차이가 있긴 하지요.

어쨌든 복부비만이 상당히 심각했던 것으로 추측되는 동탁은 여포에 의해 사망하지 않았더라도 결국에는 심근경색이나 뇌졸중 같은 질환으로 사망했을 가능성도 배제할 수는 없습니다.

만일 동탁이 좀 더 한나라의 정권을 잡고 있다가 몇 년 후에 지병으로 사망하게 되었다면, 역사의 방향이 상당히 다른 식으로 흘러갔을지도 모를 일입니다.

손녀에 대한 기록은 있지만, 아들에 대한 기록은 없었던 것으로 보아 설사 아들이 있었더라도 눈에 띄는 인물은 아니었을 듯합니다. 결국 양아들이었던 여포가 자연스레 동탁의 뒤를 잇지 않았을까 싶은데요, 그렇다면 이각(李傕)과 곽사(郭汜)는 반란을 일으킬 이유가 없었을 테고, 그렇다면 조조가 협천자(挾天子)에 성공하지도 못했을 것입니다.

허리둘레 43인치의 사나이

허저(許褚) 역시 체구로는 밀리지 않았습니다. 『정사』에 따르면 허저의 키는 190센티미터였습니다. 현대로서도 장신이었는데, 과거에는 얼마나 커 보였을까요. 한나라의 1척은 23센티미터였다고 하니, 190센티미터면 말 그대로 8척 장신의 거한이었을 겁니다.

하지만 더욱 놀라운 것은 허리둘레로 무려 115센티미터, 즉 43인치였다고 합니다. 마른 여성 두 명을 합친 수준입니다.

신체 치수를 입력하면 체형을 시각화해주는 웹사이트도 있는데요. 여기에 허저의 키와 허리둘레를 넣어보았습니다. 조조의 호위를 책임진 만큼 운동량은 최대로 설정했고요. 해당 웹사이트는 허저의 몸무게를 무려 132킬로그램로 추측했습니다. 190센티미터라는 키를 감안해도, 절대 적은 몸무게가 아닙니다.

다만 위엄 있고 강인한 용모를 지녔다고 하니, 허저 또한 단순한 비만은 아니었겠지요. 단순한 비만이었으면 조조의 호위를 맡았을 리도 없고요.

조조에게 임관하기 전에는 소꼬리를 잡고 백 보 남짓 걸었다는 기록이 있습니다. 물론 서기 2, 3세기에는 소가 지금처럼 크지는 않았겠지만, 그래도 어지간한 장사였음에는 틀림없습니다.

나이가 든 후에도 체격은 여전했던 모양입니다. 조조가 한수(韓遂) 및 마초(馬超)와 싸웠을 때입니다. 비 오듯 쏟아지는 화살을 뚫고, 허저는 조조를 배 위에 태웠습니다. 사공이 죽자, 허저가 노 대신 자신의 오른손으로 배를 저었다고 합니다. 사람을 태운 배를 손으로 젓다니, 대단한 힘이 아닐 수 없습니다.

조조는 병사를 물린 채 허저 한 명만을 대동하고 회담에 임했는데요, 마초는 자신의 힘을 믿고 조조의 암살을 계획했습니다. 그러나 허저의

허저

명성을 익히 알고 있던 터라, 조조에게 물었지요.

- "조공에게는 호후(虎侯)가 있다고 들었습니다. 어디에 있습니까?"

허저는 힘이 호랑이 같고 용모가 백치 같았기 때문에 호치(虎癡)라고 불렸는데요, 아무리 그래도 면전에서 백치라 부를 수는 없으니 제후(侯)로 격상해 부른 셈입니다.

조조는 고개를 돌려 허저를 가리켰습니다. 허저는 눈을 둥그렇게 뜨고 마초를 쳐다보았는데요, 마초는 허저의 시선에 감히 움직이지 못했답니다. 40대에도 위압적인 모습이었다는 것이지요. 단순히 뚱뚱하기만 한 것이 아니라요.

장로(張魯)의 게릴라전에 시달리다 퇴각하려던 중, 하후돈과 함께 길을 잃고 우연히 적의 본진을 찾아내 기습 아닌 기습에 성공하는 군공을 세운 적도 있습니다.

이랬던 허저는 자신이 모시던 주군 조조가 떠나자 통곡하며 선혈을 토했다고 하는데요, 그래도 건강은 유지했던 듯합니다. 조비 치하에서 근위병을 지휘했다는 기록이 있으니까요. 그러다 조비도 죽고, 조예(曹叡)가 즉위한 뒤 사망합니다.

허저의 출생 연도는 알 수 없지만 조조에게 임관한 시점을 고려하면 60대에 사망한 것으로 추측됩니다. 당시로서는 천수를 누린 셈이지요. 조조를 따라 여러 전장을 따라다녔음(고강도 유산소 운동의 효과가?)에도 불구하고 오래 산 것을 보면, 제법 건강한 편이 아니었나 싶습니다.

뒤에 등장할 또 다른 비만인, 조진과는 다릅니다.

뚱뚱하다고 놀림 받은 조진

『연의』의 대표적인 피해자 하면 보통 주유를 떠올릴 텐데요, 조진(曹眞) 역시 만만치 않은 피해자였습니다. 역사와는 달리, 제갈량에게 굴욕적인 패배를 당하는 역할로 자주 등장하거든요. 제갈량의 조롱 섞인 편지를 받고 가슴이 막혀 죽는 모습은 나관중의 전형적인 제갈량 띄우기 방식으로 보이기도 합니다.

어쩔 수 없는 것이, 제갈량의 군사적 재능은 실제로 특출하다고 보기 어려운 수준이었습니다. 그런 만큼 북벌에서 성과를 거둔 적이 많지는 않은데요, 그렇게 역사적으로 기술하면 '천재' 제갈량의 이미지가 사라지고 맙니다. 어떻게든 제갈량에게 승리를 만들어줘야 했지요.

그렇다고 제갈량의 라이벌로 설정한 사마의(司馬懿)를 망가뜨릴 수는 없었겠습니다. 자연스레 사마의의 '상사'이자 조씨 가문인 조진이 피해자가 되었습니다.

소설과 달리, 역사에서 조진은 전략적이며 유능한 인물이었습니다. 하지만 능력과 건강 혹은 외모는 별개의 이야기.

조진의 경우에는 동탁이나 허저와는 좀 다르게 근육량이 적은 비만이었던 것으로 생각됩니다. 조비가 연 연회에서 오질(吳質)이라는 관리가 광대로 하여금 조진은 뚱뚱하고, 주삭(朱鑠)은 삐삐 말랐다며 놀리게 한 적이 있습니다. 이에 조진이 "내가 네 부하냐"며 오질에게 버럭 화를 내자, 조홍과 왕충이 조진을 말렸답니다. 조진의 건강을 너무 걱정해 살을 빼라고 했다면서요.

오질이 조비와의 친분을 믿고 방자하게 굴기는 했습니다만, 조진쯤 되는 인사가 그렇게 놀림을 당하는데 가만히 있던 조비의 잘못이 더욱 크다고 할 수 있습니다.

하지만 그만큼 뚱뚱했던 것만은 분명합니다. 젊은 시절에는 뒤돌아 활을 쏘아 호랑이를 쓰러뜨린 일이 있었다고 하는데, 상술했다시피 말 위에서 몸을 움직여 활을 쏠 정도라면 어지간히 체력 단련을 한 몸으로 봐야 합니다. 아마 나이가 들면서 식사량은 줄이지 않은 채 운동량과 기초 대사량이 감소하면서 살이 찐 것 아닐까 싶습니다. 비록 체중은 늘었지만 조진은 자신의 역할을 충실히 수행했습니다.

조진

군주에게 있어 군권이란 쉽게 내줄 수 있는 것이 아닙니다. 장수가 병사를 돌리면 칼끝은 도성을 향하게 되니까요. 즉, 군부의 일인자는 무엇보다도 충성스러워야 했습니다. 동서고금을 막론하고, 친인척에게 군권을 맡기는 경우가 많았던 이유입니다. 그리고 조진은 어릴 때부터 조비와 함께 자라, 조씨 가문에 대한 충성심이 확실했습니다.

물론 아무리 충성스러워도 실력이 부족하면 안 되겠지요. 하지만 『연의』에서의 우스꽝스러운 묘사와 달리, 실제의 조진은 실력도 확실했습니다. 대국적인 시야와 전략적인 식견으로 바로 그 제갈량의 1, 2차 북벌을 저지한 사람이 바로 조진이거든요.

물론 모든 전술이 성공을 거두지는 않았습니다. 제갈량의 3차(혹은 3.5차) 북벌 때입니다. 조진은 촉을 먼저 공격하기로 합니다. 그렇게 남하하던 중, 무려 한 달이나 지속된 폭우로 인해 잔도가 끊어집니다. 워낙 험하기로 유명한 익주에서 도로까지 없어졌으니 상당히 난감했겠지요. 당연히 보급에도 문제가 생겨, 조진은 큰 피해를 입은 채 결국 철수해야 했습니다. 이때가 230년 가을입니다.

231년 봄(음력 2월), 제갈량이 4차 북벌을 시작합니다. 제갈량을 막아야 했던 조진은 병에 걸려 쓰러집니다. 다만 이는 『한진춘추(漢晉春秋)』의 기록으로, 『정사』에서는 제갈량이 침략하기 전 병에 걸렸다고 합니다. 어찌되었든 간에 조진은 낙양으로 돌아옵니다. 황제였던 조예가 직접 문병을 오기도 했으니, 전염병은 아니었던 듯합니다.

3월, 조진은 40대의 창창한 나이에 사망합니다. 함께 자란 조비의 출생 연도를 고려하면, 44세 안팎이 아니었을까 싶습니다.

조진이 상당히 이른 나이에 사망하게 된 원인에 대해서는 사서

상의 기록이 부족하기에 정확하게 추측하기는 어렵습니다만, 비만으로 인한 대사증후군과 같은 위험요인을 가지고 있었을 가능성을 고려하면 뇌졸중과 같은 질병이 발생하여 사망했을 수도 있습니다.

조진이 죽은 후, 군권은 당시 최고로 유력했던 가문인 사마씨에게 떨어집니다. 중간에 조진의 아들 조상(曹爽)이 대신하기도 했지만, 조상은 환범(桓範)이 "조진은 훌륭한 사람이었지만, 그 아들은 개나 소에 불과하다"라고 했을 정도로 아버지만 못한 자식이었던 것 같습니다. 그리고 그 결과는 모두가 아는 그대로입니다.

조진이 오래 살았더라면 사마의가 군권을 쥘 수도, 사마씨 가문이 찬탈을 할 수도 없었겠지요. 그렇게 생각하면 조씨의 위나라에는 참 안타까운 일입니다.

현대인의 비만 치료법

현대인들의 전유물이라고 생각하기 쉬운 비만은 이렇듯 고대 중국의 사람들에게도 여러 가지 영향을 끼쳤습니다. 잉여 생산물이 충분하지 않았던 시대에는 대부분의 인류가 배불리 먹기 힘들었을 것이고 그렇기에 음식을 먹게 되면 그로부터 얻는 영양분을 최대한 몸에 잘 저장하는 방향으로 진화하는 것이 생존에 유리했을 것입니다.

그래서 선사시대에는 충분히 잘 먹어서 전반적으로 풍만해진

빌렌도르프의 비너스

몸이 아이를 낳고 젖을 먹여 기르는 것에 적합한 '아름다운 육체'로 여겨졌을 것이고, 그러한 선사시대 사람들의 이상을 담은 것이 '빌렌도르프의 비너스'(2만 2000년에서 2만 4000년 전에 만들어진 것으로 추정)와 같은 형태의 유물들입니다. 그러나 이러한 생존을 위한 진화의 결과, 현생인류는 비만해지기 쉬운 체질이 되고 말았습니다.

중국 고대의 의서인 『황제내경』에도 이미 비만에 대한 언급이 나타납니다. 비만을 비(肥), 비반(肥胖), 비인(肥人), 육인(肉人), 비귀인(肥貴人) 등으로 표현하고 있고 '비귀인, 고량지질야(肥貴人, 膏粱之疾也)'라고 하여, 기름진 음식을 많이 섭취한 것이 비만의 주 원인이라고 기술하고 있죠. 그리고 단 음식을 많이 먹어서 살이 찌면 소갈(消渴, 현대의 당뇨병으로 여겨지는 증상)이 생긴다고도 했습니다.

또한, 조선 시대의 의서 『동의보감』에도 비인다중풍(肥人多中風), 즉 비만한 사람이 중풍(뇌졸중)에 더 잘 걸린다는 말이 나옵니다. 근대 이전의 사람들도 비만은 정상적인 상태와 다르며, 여러 가지 질병의 원인이 될 수 있다는 것을 인지하고 있었던 것이죠.

현대 의학적인 의미의 비만은 체내에 지방조직이 과다하게 쌓여 있는 상태입니다. 체질량지수(BMI)를 기준으로 비만을 진단하며,

체질량지수가 높을수록 비만의 정도가 심해집니다.

세계보건기구(WHO)의 기준에 따르면 과체중은 체질량지수 $25kg/m^2$ 이상 $30kg/m^2$ 미만이며, $30kg/m^2$ 이상인 경우 비만으로 정의합니다.[1] 우리나라에서는 성인의 경우 체질량지수가 $25kg/m^2$ 이상인 경우 비만으로 정의합니다. 체질량지수 $25.0\sim29.9kg/m^2$를 1단계 비만, $30.0\sim34.9kg/m^2$를 2단계 비만, $35.0kg/m^2$ 이상을 3단계 비만(고도 비만)으로 구분합니다.

비만은 단순히 겉보기에 살이 찌는 것뿐만 아니라, 늘어난 지방조직이 횡경막과 폐를 압박하여 움직일 때 쉽게 숨이 차거나 수면 무호흡증과 같은 호흡 장애 일으킬 수도 있으며, 전반적인 체중 증가로 인해 관절에 부담이 가해져 관절 통증이 발생하거나 관절염으로 진행되기도 합니다. 또한 피부에 튼살이나 간찰진(겹치는 부위에 발생하는 습진), 여드름 등이 발생할 수 있고, 땀을 많이 흘리거나 쉽게 피로를 느끼기도 합니다. 그리고 고혈압, 당뇨병, 이상지질혈증, 뇌졸중, 심혈관 질환, 천식, 근골격계 질환, 그리고 암(유방, 대장이나 직장, 식도, 신장, 담낭, 자궁, 췌장, 그리고 간 등)과 같은 다양한 질환의 발생 위험을 높이게 됩니다.

비만은 신체뿐만 아니라 정신에도 영향을 미쳐 불안, 우울, 자신감 저하, 그리고 섭식 장애 등의 원인이 될 수 있습니다.

비만도 이제 치료가 필요한 질환으로 여겨지고 있습니다. 기본적으로는 식사치료, 운동치료 및 행동치료(행동심리학적 평가를 통해 식사와 운동에 대한 심리적 영향을 파악)를 시행하지만, 이러한 치료 방법만으로 비만 조절이 잘 되지 않는 경우에는 약물치료나 수술치료를 고려해 볼 수도 있습니다.

대한비만학회에서는 BMI 25kg/m² 이상인 환자에서 위와 같은 비약물치료로 체중 감량에 실패한 경우에 약물치료를 고려하는 것을 권고하고 있습니다.

비만 치료 목적으로 미국 식약처의 승인을 받은 약제들로는 오르리스타트(Orlistat: 제니칼), 날트렉손-부프로피온 복합제(Bupropion-naltrexone: 콘트라브), 리라글루티드(Liraglutide: 삭센다), 펜터민-토피라메이트 복합제(Phentermine-topiramate: 큐시미아), 그리고 세마글루타이드(Semaglutide: 위고비) 등이 있습니다.

물론 이와 같은 약제가 만능은 아니며 부작용도 발생할 수 있으므로 의사와 상의하여 본인에게 적절한 약제를 처방 받아 사용해야 하며 식사, 운동, 그리고 행동 치료를 병행하는 것이 중요합니다. 또한 약제의 유지 용량을 투여하고 초기 3개월의 체중 감량이 미미한 경우에는 약제를 바꾸거나 사용을 중단하는 것이 바람직합니다.

서양에서는 BMI 40kg/m² 이상인 경우나 비만으로 인한 동반질환이 있으면서 BMI 35kg/m² 이상인 '고도비만'(한국에서는 BMI >35kg/m²)의 경우에는 수술 치료를 고려합니다. 한국을 비롯한 아시아인들은 서양인에 비해 비만 동반질환 발생 위험도가 높기 때문에, 국제비만수술연맹-아시아태평양(IFSO-APC)의 회의 결과에 따라

BMI 35kg/m² 이상이거나 BMI 30kg/m² 이상이면서 비만 동반질환이 있는 경우 수술의 적응증(약물이나 수술 등 치료를 시행할 합당한 이유가 있는 질환 또는 증상)으로 정하고 있습니다.

고도비만 환자에게 적용해볼 수 있는 수술 치료 방법으로는 위밴드성형술(Adjustable gastric banding), 위우회술(Gastric bypass surgery), 위소매절제술(Gastric sleeve)이 알려져 있습니다.

동탁이나 조진의 정확한 체질량지수를 알 수 있는 방법은 없지만, 만약 두 사람 다 고도비만이었으며 현대에 살고 있었다면 이와 같은 수술 치료 방법을 적용해볼 수 있을 것입니다.

비만 치료 개발과 더불어 유전적 원인에 대한 연구도 꾸준히 진행되고 있는데, 연구 결과 몇 가지 연관 유전자도 밝혀진 바가 있습니다. 비만과 관련된 유전자로는 ADRB3, PPAR-Y, UCP-1 등이 있습니다.[2]

ADRB3는 지방세포 내 지방 분해와 열생산과 관련되어 있고, PPAR-Y는 지방세포의 분화와 혈당조절 및 지방대사의 항상성을 조절하는 유전자이며, UCP-1은 갈색지방 내의 열생산과 관련되어 있습니다. 이러한 유전자에서 변이형(polymorphism)이 발생할 경우에 비만의 위험성이 높아진다고 합니다.

또한 APOA2 유전자는 비만 및 인슐린 저항성과 연관되어 있다고 알려져 있는데, 이 유전자에 특정 변이가 있는 경우에 같은 양의 포화지방을 섭취했을 때 비만이 될 위험도가 더 높다고 합니다.[3]

비만 치료를 위한 방법이 다양하게 개발되고 유전적 원인에 대한 연구도 지속되고 있지만, 섭취하는 칼로리는 줄이고 육체 활동을 증가시키는 방향의 '생활습관 교정(Life style modification)'이 병행되어야 비만을 극복할 수 있습니다.[4]

국내의 한 연구에 따르면, 경도 비만의 성인은 하루 세끼를 규칙적으로 먹고, 물을 충분히 마시고, 7시간 이상의 수면을 취하고, 매일 1시간씩 운동하며, 설탕이나 소금이 너무 많이 들어간 음식을 피하면서 밤 9시 이후에 음식을 먹지 않는 등 살을 찌게 만드는 습관에서 벗어나려는 노력만으로도 체지방 감소와 혈압 강하, 이상지질혈증의 개선과 같은 효과를 얻을 수 있다고 합니다.[5]

이러한 비만 치료 방법들이 『삼국지』 속 인물들에게 적용되었다면 역사는 많이 달라졌을까요? 확실하진 않지만, 동탁은 의사의 충고를 잘 들었을 것 같진 않습니다. 안타깝지만 치료 방법을 제시하거나 생활습관 교정을 권유한 의사만 억울하게 죽어나가지 않았을까 싶네요.

11
위의 대장군 하후돈과 무양후 사마사, 마음의 창을 잃다

애꾸눈이 된 사나이

진지 위에서 조성(曹性)이 몰래 표적을 노리다, 화살 한 방을 쏘아서 바로 하후돈(夏侯惇)의 왼쪽 눈을 맞혔다. 하후돈이 크게 한 소리 비명을 지르고 급히 손으로 화살을 뽑자 눈알도 따라 뽑혀 나왔다.

하후돈이 크게 외치기를, "아버지의 정과 어머니의 피로 만들어진 것이니 버릴 수 없다!" 하며, 눈알을 입에 넣어 삼키고, 다시 창을 쥐고 말을 달려 바로 조성을 덮쳤다.

조성이 미처 막지 못하고 한 창에 입이 꿰뚫려 말에서 떨어져 죽었다. 양편 군사들이 보고서 놀라지 않는 자가 없었다. 『연의』

『연의』를 읽지 않은 사람도 어느 정도는 익숙한 이야기입니다.

청나라 시대에 그려진 『연의』의 하후돈 삽화. 역시나 바로 '그 사건'을 묘사하고 있습니다.

여포와의 싸움 도중 조성의 기습적인 공격에 눈을 잃은 하후돈(?~220년)이 그 눈을 화살째 뽑아 씹어 삼킨다는, 뭐 어떻게 보면 징그러운 장면이 되겠습니다.

동시에 '충성스럽고 용맹한 애꾸눈 행동대장' 캐릭터가 만들어진 결정적인 순간이지요.

『정사』에서는 위와 같은 일화가 나오지 않습니다. 애초에 안구에 직접 화살이 박힐 정도면 그 충격과 통증, 출혈 등으로 인해 바로 전투를 속행하기 힘들었을 것입니다. 게다가 아무리 대단한 장수라 하더라도 스스로 눈을 뽑아내는 것은 거의 불가능한 일입니다.

화살촉 부근을 부러뜨려 뽑는 것까지야 하후돈의 정신력이 '넘사벽'이라고 친다면 가능할지도 모르지만, 안구까지 잡아 빼기 위해서는 같이 뜯겨 나올 눈 주위의 여러 근육과 안구 뒤쪽으로 뻗어 있는 시신경을 다 박리해야 합니다. 그냥 힘으로 잡아 뽑다간 안구만 나오는 것이 아니라 시신경과 이어진 뇌까지 손상되기에 진짜로 하후돈이 자신의 눈을 잡아 뽑아 먹는 퍼포먼스를 벌였다면, 부모님께 효도 하려다가 먼저 가는 불효를 저지르게 되었을 것입니다.

안구적출은 해부학적 지식이 뒷받침되어야 하기에 현대에도 안과 전문의의 집도하에 정밀하게 이루어집니다. 당연히 안구 손상이나 종양에 대한 치료적인 목적으로 시행되는 수술이고요.

역사 속에서는 잔인하게도 형벌의 목적으로 안구적출이 시행된 적이 있는데, 특히 동로마제국에서 황제들이 정적인 황족들을 처리할 때 많이 쓰던 방법 중 하나입니다(거세나 코 자르기도 시행된 바 있다고 합니다). 돌이킬 수 없는 장애를 만들어 황권에 도전하지 못하게 만들려는 목적이었겠지요. 아테네의 이리니(752~803년)는 자신의 권력을 유지하기 위해 친아들인 콘스탄티누스 6세(771~797년)를 폐위시키고 눈을 뽑아버렸다고 합니다. 폐위 당하고 안구를 적출 당한 충격 때문인지 혹은 그 당시의 수술 기술의 한계인지, 눈을 뽑힌 콘스탄티누스 6세는 얼마 지나지 않아 사망했고요.

현대에도 이슬람 경전에 나오는 율법에 따라 받은 피해를 되돌려주는 보복 형벌 '키사스(Qisas)'의 원칙을 적용해 이란 법원에서 상대방의 눈을 실명시킨 가해자에게 안구적출 형을 선고한 일이 있었습니다.[1]

전쟁만 빼고 다 잘했던 대장군

사서에는 이렇게만 나옵니다. '서주에서 돌아와 여포를 공격하다 날아오는 화살에 맞아 왼쪽 눈을 다쳤다.' 『위략』에는 이때 하후연(夏侯淵)과 하후돈이 둘 다 장군이었기에, 하후돈을 맹하후(盲夏侯)라 불러 구분했다는 기록도 나옵니다. 별명을 보면 한쪽 눈을 다친 수준이 아니라, 실명까지 했다고 봐야겠죠. 물론 하후돈은 이 별명을 싫어했지만요.

거울을 보면 화를 내며 번번이 땅바닥에 집어 던졌다고도 하니, 한쪽 눈의 실명이 티가 날 정도이긴 했나 봅니다. 어찌되었든 간에 생명이나 활동에 큰 지장은 없었던 모양입니다. 그 후에도 종종 군대를 이끌었으니까요.

안외상은 실명의 주요원인 중 하나이며,[2] 『연의』처럼 안구에 화살 자체가 박히지 않았더라도 화살의 파편과 같은 작은 이물이 안구에 들어가는 것만으로도 실명을 일으킬 수 있습니다.

실제로 안구에 화살이 박힐 정도의 부상이 발생했다면(이건 적군이 명사수거나 하후돈 본인이 지독하게 운이 없는 경우겠지만), 실명뿐만 아니라 외상 부위의 감염에 의해 사망에 이를 수도 있는 상황입니다. 화살에 의해 안구 손상을 입은 환자들의 경우에는 화살을 제거하는 것뿐만 아니라 그 주위 조직에 발생하는 감염 조절이 환자의 생명을 구하는 데 가장 중요한 요소가 됩니다.[3]

프랑스의 왕 앙리 2세(1519~1559년)도 마상(馬上) 창 시합 도중 발생한 안구 주위 부상(오른쪽 눈 위쪽에 창 파편이 박힘)으로 인해 수술도 받았으나 결국 창상 부위 감염으로 인해 수일 만에 사망에 이르렀습니다.

하후돈은 생각보다는 얕은 부상을 입었음에도 실명에 이르렀거나, 혹은 안구에 직접 손상이 갈 정도의 큰 부상이었지만 군의관을 잘 만나 안외상에 대한 처치와 감염 관리를 잘한 덕분에 실명 정도로 끝나고 목숨을 부지한 것일지도 모릅니다.

안구를 적출할 정도의 상처였다면, 고대 중국의 의술로는 처치가 쉽지 않았을 것이고 상당히 큰 사건이었기에 '관우의 어깨 부상 수술' 이야기처럼 사서에 기록되었을 가능성이 높습니다. 그리고 그 안구를 적출한 후에 인공 안구를 넣지 않으면 비어 있는 공간이 무너져 내려 안면 비대칭이 발생하게 됩니다. 그 정도의 변화가 발생했으면 아무리 외모에 대해 많은 묘사를 하지 않는 사서라 하더라도 조금 더 언급이 있었을 듯합니다. 물론 하후돈이 본인의 모습을 거울로 보다가 화를 내며 집어 던졌다는 기록이 심한 외모 변화를 의미하는 것일 수도 있지만 말입니다.

안구가 적출되진 않았더라도 외상으로 인해 '전층 각막 열상'(각막에 구멍이 나서 안쪽의 상처 부위를 통하여 홍채, 수정체, 유리체, 망막조직이 탈출할 수 있고, 안내염이 발생할 수 있는 질환)이 발생했다면 상처가 회복 후에도 각막 혼탁이 눈에 띄게 남았을 수도 있고, 눈꺼풀이나 안면부의 흉터가 같이 남아 있었다면 거울을 볼 때마다 전과 달라진 자신의 모습에 거슬려 했을 수 있겠죠.

어쨌든 왼쪽 눈의 실명은 장군인 하후돈에게 좋은 일이 아니었습니다. 하후돈은 확실히 군공은 적은 편이거든요. 여포가 유비를 공격했을 때 구원에 나섰으나 고순(高順)에게 패했다는 기록, 이전(李典)

이 매복을 의심하며 말렸는데도 굳이 적군 한가운데 들어갔다가 이전에게 구출된 기록 등이 있습니다. 한쪽 눈이 실명된 만큼 전황을 살피기 어려웠겠지요.

물론, 애초에 전술에 약했을 수도 있습니다. 왼쪽 눈을 잃기 전인 복양 전투 당시에는 여포에게 사로잡힌 적도 있습니다. 여담으로 이때 여포는 하후돈을 인질 삼아 재물을 요구하는데요, 하후돈의 장수 한호(韓浩)는 단호했습니다.

"너희들이 흉역하게도 감히 대장군을 사로잡아 겁박하고도 살기를 바라는 것인가! 내가 도적을 토벌하라는 명을 받았는데 어찌 장군 한 명 때문에 너희들을 용서하리."

그 후 눈물을 흘리기는 했습니다. "응당 국법이 이러하니 어쩌겠습니까"라며, 협상하지 않겠다는 의지를 드러냈을 뿐.

결국에는 구출되긴 했습니다만, 어쨌든 몸값 인질이 된 장군이라니. 나중에 보고받은 조조도 황당하지 않았을까요? 하후돈을 책망하는 대신 한호를 칭찬하는 데서 멈추기는 했지만요.

그래도 장군은 장군이라, 전쟁에서 공을 세운 적도 있기는 있습니다. 장로(張魯) 토벌 당시, 장로군은 한참 산 위의 험한 지형을 이용해 게릴라전을 펼치고 있었습니다. 결국 퇴각을 하기 위해, 하후돈과 허저가 산 위에 병사들을 데리러 갔는데요. 하필 밤중이라 두 장군이 길을 잃었답니다. 그렇게 들어선 곳은 적의 군영. 적은 기습을 당한 줄 알고 도망갔습니다. 조조는 그렇게 장로를 토벌하는 데 성공했고요.

그 외에는 반란 진압 정도를 성공적으로 이끌었다고 합니다. 같은 일세대 장수인 하후연이나 조인 등에 비하면 참 보잘것없는 군공입니다. 하다못해 그렇게 무시당하는 조홍(曹洪)조차 관도대전 당시, 장합(張郃)과 고람(高覽)을 맞아 본진을 성공적으로 방어한 공이 있는데요. 이렇게만 보면 대체 어떻게 유명해졌나 싶을 정도입니다.

하지만 하후돈은 조조에게 있어 여전히 중요한 사람이었습니다. 특히 전장 밖에서요. 괜히 조조 군부의 2인자가 된 것이 아닙니다.

동서고금을 막론하고, 군권을 지닌 장수는 군주의 경계를 받기 마련입니다. 장수가 칼끝을 돌리면 제 목이 달아날지도 모르니까요. 정통성이 없는 신흥 군주일수록 이런 두려움이 더욱 클 수밖에 없습니다.

하후돈은 이런 위험성이 상대적으로 적었습니다. 어쩌면 하후돈의 신체적 결격 사유가 장점으로 작용했을 수도 있겠다는 생각을 해봅니다. 장수로서의 한계가 분명하니까요. 더군다나 외모가 곧 스펙이던 후한 말입니다. 아무리 의심 많은 조조라지만, 한쪽 눈이 없는 하후돈을 의심할 수는 없었을 것입니다. 한쪽 눈이 없는 하후돈이라면, 반란을 일으켜도 백성의 민심까지는 얻지 못하리라 판단했을 테니까요.

물론 그뿐만 아닙니다. 더 중요한 이유가 있었지요. 바로 하후돈의 충성심과 유대감이 타의 추종을 불허한다는 것이었습니다.

하후돈은 조조와는 동향 출신의 막역지우였습니다. 이미 가족 같은 유대감을 쌓아 올린 상태였지요. 조조의 침실까지 출입할 정도였다고 합니다. 육촌 관계인 조인은 함부로 조조를 알현할 수 없었다는 기록도 있으니, 조조가 형제보다도 더 믿었다는 이야기입니다.

실제로 가족이기도 했습니다. 사돈이었거든요. 사촌이라는 설도 있지만, 여러 사서의 기록을 종합해 보면 그럴 가능성은 낮지 않나 싶습니다.

이런 관계니 충성심 하나는 엄청났습니다. 조조가 위왕에 올랐을 때, 대부분의 장수들이 위의 관직을 받았는데, 하후돈만은 한의 관직을 받았습니다. 위는 제후국에 불과하니, 한나라의 관직이 더 높지요. 조조가 그만큼 하후돈을 중하게 여겼다는 뜻입니다. 하후돈은 그런데도 떼를 써가며 위의 관직을 얻어냈습니다. 더 높은 자리보다는, 조조의 신하로 남고 싶다는 것이지요.

물론 인용술만큼은 타의 추종을 불허하는 조조니, 더 큰 이유가 있기는 했습니다. 하후돈이 군부 내 2인자로서의 역할을 잘 수행했다는 것입니다.

조조는 친정을 좋아하는 군주였습니다. 그런 조조니, 군부의 2인자라고 해서 전투를 잘 이끌 필요는 없었습니다. 그보다는 군권 전체를 관리하고, 후방의 병참과 전략을 책임져야 했지요. 인망이나 행정 능력이 중요합니다.

난다 긴다 하는 조조군이었습니다. 내로라하는 장수들이 공을 다투고 있었어요. 하후돈은 그런 인재를 잘 활용하고 조율했습니다.

성격도 좋았습니다. 의롭고 온화하며 청렴하고 검소하니, 남은 재물이 있으면 주위에 나누어주곤 했답니다. 이런 사람이니 인망이 쌓일 수밖에 없습니다. 행정 능력 역시 나쁘지는 않았을 듯한데, 하남윤(河南尹)을 맡았을 때는 '법령에 구애받지 않고 일을 처리해도 좋다'는 허가까지 받았답니다.

하남은 낙양이 속한 군입니다. 오늘로 따지면 서울특별시장쯤 되는 위치입니다. 무슨 일을 했는지는 모르겠지만, 무언가 잘못했다면 조조가 그만한 권한을 주지는 않았을 것 같습니다.

물론 가장 중요한 것은 다시 한번, 충성심이었겠습니다. 내로라하는 장수와 호족과 사대부가 즐비한 조조군에서, 인망이나 행정 능력 뛰어난 사람이 한둘이었겠어요? 적당한 소양을 갖춘 사람 중 가장 충성심 높은 사람이 바로 하후돈이었으니 그만한 지위에 올라갔겠지요.

눈이 빠져나오게 만들었던 안와 봉와직염

반대로 능력은 뛰어나지만 충성심이 없는 사람이 그만한 자리에 올라가면 어떻게 될까요? 『삼국지』에는 그런 사람이 여럿 나옵니다. 그중, 하후돈과 비슷하게 한쪽 눈을 잃었던 사내가 있습니다. 바로 사마사(208~255년, 사후 서진의 세종 경황제로

사마사

추존됨)입니다.

사마사(司馬師)의 아버지 사마의는 아직까지도 위의 충신이었는지, 역적이었는지에 대한 의견이 분분합니다.

물론 망탁조의(莽卓操懿: 왕망, 동탁, 조조와 사마의. 한대에서 위진대까지 네 명의 역적을 가리키는 말)라는 단어가 있을 정도로, 유명한 역적 취급을 받기도 했습니다.

그러나 면밀히 살펴보면 그런 평가에 의구심을 갖게 됩니다. 어쨌든 사마의는 뛰어난 군사적 업적과 정치적 능력에도 불구, 삼공의 하나인 태위 이상의 직책은 받지 않았습니다. 구석(九錫: 구석은 '천자가 공로가 큰 제후와 대신에게 하사하던 아홉 가지 물품'이라는 뜻으로, 구석 특전을 받은 사람은 천자의 예에 버금가는 아홉 가지의 격식을 누릴 수 있었습니다) 특전을 받은 것은 물론, 공에 이어 왕까지 된 조조와는 매우 다릅니다.

더군다나 말년에 일으킨 고평릉(高平陵) 사변 역시, 조상 일파의 전횡이 두고 볼 수 없는 수준으로 심해졌기 때문입니다. 그리고 나서도 하후현(夏侯玄) 등 위의 인재는 살려두었습니다. 즉, 적어도 사마의는 죽을 때까지 조위에 충성했다고 볼 수 있습니다.

반면 사마사는 다릅니다. 사서에서 대놓고 일찍부터 황실에 충심이 없었다고 적고 있거든요. 늦어도 234년에는 역심을 품었을 것으로 보입니다. 바로 이 해에, 아내였던 하후씨가 사마사의 야심을 눈치 채자 독살했거든요.

하후씨는 사마사와 금슬이 좋은 편이었습니다. 스물세 살의 젊은 나이에 죽기 전까지, 무려 다섯 명의 딸을 두었을 정도입니다. 여담으로 사마사는 두 번째 아내와는 이혼했으며 세 번째 아내 사이에서는 끝까지 자녀를 보지 못했습니다. 그만큼 첫 번째 아내와 사이가 유독 각별했다는 뜻 아닐까요?

그렇게 애정했던 아내를, 사마사는 죽여버립니다. 심지어 이 234년에는 위의 명제 조예가 아직은 한창 건재했습니다. 제갈량의 마지막 북벌을 성공적으로 저지한 시기였지요. 훗날 여색과 건설이라는 몹쓸 취미에 빠지기는 했지만, 당시까지의 조예는 그야말로 완벽한 군주였습니다. 능력, 정통성, 외모, 어느 면에서든요. 그런데도 사마사는 역심을 품었다는 이야기입니다.

하후돈과 달리 능력은 넘치지만 충성심은 없었던 이 남자. 이 남자는 결국 아버지가 죽은 뒤, 군권과 조정을 장악하게 됩니다. 그 후에는 차근차근, 새 왕조의 기틀을 쌓아 올립니다.

물론 조위(曹魏)에도 충신은 남아 있었습니다. 255년, 관구검(毌丘儉)이 문흠(文欽)과 함께 사마사의 찬탈을 막겠다는 이유로 군사를 일으킵니다. 실제로 사마사가 황제 조방(曹芳)을 폐위하고 조모(曹髦)를 즉위시킨 상태였기 때문에 명분은 확실했습니다.

이때 사마사의 눈에 종기가 나서 의원으로 하여금 이것을 째게 했다. 문앙이 쳐들어온다는 말을 듣고 놀라 눈이 빠져나왔다. 그러나 사마사는 육군이 두려워할까 저어하여, 도포로 눈을 가렸으며, 통증이 심해지니 이빨로 도포를 물어뜯으며 참아 좌우의 사람들은 이를 알지 못했다. 『진서(晉書)』〈경제기(景帝記)〉

이 당시 사마사는 눈에 난 혹을 막 째었는데 상처가 몹시 심했다. 부하의 말을 듣더니 결연히 일어나 말했다. "내가 수레를 불러 급히 동쪽으로 가겠다." 『한진춘추』

문앙(文鴦)은 난을 일으킨 문흠의 아들로, 당시 18세였으나 그 무예가 엄청났던 모양입니다. 『자치통감(資治通鑑)』에 따르면, 홀로 말 한 필을 탄 채 수천 명의 기병 속으로 뛰어들어 백 명씩 죽이고 나오기를 예닐곱 번씩 반복했답니다. 이만한 수준이니 사마사가 놀랐을 법도 합니다.

문앙의 뛰어난 활약에도, 사마사는 관구검과 문흠의 난을 진압하는 데 성공합니다. 관구검은 죽고, 문흠은 문앙과 함께 오로 망명합니다.

그러나 사마사는 얼마 뒤인 255년 윤달 1월(양력 3월), 병세가 위독해져 아우 사마소(司馬昭)를 후사로 삼습니다. 그 후 얼마 되지 않아 허창으로 돌아왔다가 사망하고요.

사서에 나온 표현인 '눈에 난 종기'라는 부분을 살펴보면, 사마사를 죽음에 이르게 한 질환은 안와 봉와직염(Orbital Cellulitis)이 아니었을까 싶습니다. 사마사의 눈에 있던 종기가 종양과 같은 만성질환이었다면, 아무리 사서가 진료 차트가 아니라 하더라도 이전부터 어느 정도 '눈 주위가 불편했다'라는 언급이 나올 법한데, '관구검-문흠의 난' 전까지는 사마사의 건강문제에 대한 기술이 나타나지 않고 있습니다.

갑자기 종기가 나타나서 '째는 방식'의 수술 치료가 필요한 상태에 이르려면 급성 염증에 의한 병변일 가능성이 높습니다. 게다가 고대 중국이란 시대 배경 및 위나라의 권력을 다 휘어잡고 있는 사람의 종양이 '안구 자체 혹은 안구 뒤쪽에서 생겨난 것'이었다면 어지간히 실력에 자신 있고 배포가 큰 의사가 아니고서야 함부로 칼을 대기 어려웠을 것입니다. 눈꺼풀이나 눈 주위 조직이 부어 있는 형태로, 칼을 대볼 만할 위치에 종기가 위치하고 있으니 의사도 시술을 시도해보았을 것입니다.

안와 봉와직염 자체가 안구돌출을 일으킬 수 있고 통증과 열감을 동반하기에 사서에 나오는 '눈이 튀어나왔다'라든가 '통증이 심해 이빨로 도포를 뜯었다'라는 표현의 증상들이 나타날 수 있었을 것입니다. 질환 자체만으로도 불편했을 테지만, 시대적 한계로 인해 수술 당시 마취나 통증 관리도 잘 되지 않았을 것이고, 수술 후 염증 관리 역시 잘 되었을 가능성이 떨어집니다(수술 환경 및 도구의 무균 관리 역시 잘 안 되었겠지요). 그러다 보니 수술 상처 부위의 감염이 동반되며 통증 등이 더욱 심해지고 결국 전신 감염 상태인 패혈증 증세를 보이며 사망에 이른 것이 아닐까 추측됩니다.

사마사의 사망 원인이 안와 봉와직염이 맞다면, 한 나라를 막후에서 호령하던 권세가로서는 상당히 비참하고 고통스러운 최후였을 것입니다. 만약 현대 의학 기술의 도움으로 잘 치료받을 수 있었다면 본인이 위나라를 차지하고 살아서 황제의 자리에 올랐을지도 모를 일입니다.

안와 봉와직염은 어린이에게서 주로 발생한다고 알려져 있지만, (드문 경우이기는 하나) 성인에게도 나타날 수 있습니다. 안와의 해부학적 구조의 특징 상, 외상, 악안면부 수술 후 감염, 주위 부비동의 염증, 그리고 인접 피부의 봉와직염 등이 안와 봉와직염의 원인이 될 수 있다고 합니다.[4]

성인의 경우에 당뇨병이 있거나 면역 저하가 될 만한 다른 원인이 있다면 안와 봉와직염이 발생할 위험도가 상승합니다. 사마사의 경우 기저에 당뇨병이나 다른 질환이 있었는지는 정확히 알 수 없으나, 고대 중국의 귀족답게 달고 기름진 음식을 많이 섭취했다면 진단받지 못한 당뇨병이 있었을 수도 있으며, 종기가 발생했을 당시 난을 평정하기 위해 전쟁터에 출진한 상황이라 스트레스가 많고 위생이 관리가 잘 되지 않으면서 염증 발생에 취약해졌을 가능성도 있습니다.

안와 봉와직염은 안구돌출이나 안구운동장애를 일으킬 수 있으며 시력에도 영향을 줄 수 있기 때문에 빠르고 적절한 치료가 필요합니다. 집적된 농양은 수술 치료로 배액하고, 원인이 되는 부비동염 등의 염증이 있다면 그 부분도 치료하며, 봉와직염을 일으킨 균주를 찾아내 그에 맞는 충분한 항생제 치료를 병행하는 방식으로 말이죠.

안와 봉와직염은 진행 속도가 빨라 뇌수막염이나 실명, 사망 등을 일으킬 수 있는 위험한 질환이긴 하지만, 앞서 말했듯이 사마사가 현대에 태어나 빨리 병원을 방문하였다면 치료를 잘 받고 생명을 구했을 가능성이 높습니다. 역사적으로 본다면 역심을 품었던 권신의 비참한 최후겠지만, 의학적으로 보면 시대적 한계로 인한 사망입니다.

전장에서 나란히 한쪽 눈을 잃은 하후돈과 사마사. 하지만 성향도, 목표도, 행적도 정반대였던 두 인물. 이렇게 보면 제법 흥미로운 안티테제가 아닐까 싶습니다.

12
촉한(蜀漢)의 승상 제갈량, 과로사로 져버리다

국가의 발전을 위해 갈아 넣은 생명력

『삼국지』에서 제일 유명한 인물은 누구일까요?

저는 제갈량(181~234년)이라 생각합니다. 『삼국지』를 읽어보지 않은 사람도, 유비나 조조를 모르는 사람도, 제갈량 혹은 제갈공명이라는 이름만큼은 친숙할 테니까요.

동아시아 사회에서 제갈량은 뛰어난 지혜 혹은 지략의 상징입니다. 한국에서는 어떤 사람이 천재적인 전술을 구사하면, 그 인물의 성을 따서 'X갈량'이라 부르기도 합니다.

제갈량

제갈량이 실제로 천재적인 전술가였는지는 의문입니다. 『정사』의 저자 진수(陳壽)가 평했듯, 임기응변이나 모략으로 대표되는 천재적인 전술의 보유자는 아니었습니다. 특히 과단성이 부족한 편이라, 변수를 창출하는 데서는 제법 애를 먹었습니다. 위와 촉의 군사력 차이는 있겠으나, 정말 천재라면 반전을 꾀하는 데 성공하지 않았을까요? 일례로 카이사르는 파르살로스 전투에서 7대 1 수준의 기병 전력 열세에도 대승을 거두는 데 성공했습니다.

이러니 『연의』의 독자는 『정사』의 제갈량을 보고 실망하곤 합니다. 『연의』에 나오는 신묘한 계책은 좀처럼 보이지 않거든요.

하지만 그런 신묘한 계책 없이도 제갈량은 대단한 사람입니다. 천재적인 전술가는 아닐지언정, 역사에 길이 남을 전략가였음에는 반론의 여지가 없습니다. 단적으로 말하자면, 제갈량은 이릉대전(夷陵大戰)으로 아수라장이 되었던 촉을 재건하고 번영시킨 장본인입니다.

이릉대전은 촉에 궤멸적인 피해를 입혔습니다. 병사 수만 명이 죽고, 또 수만 명이 투항했습니다. 촉이 성립될 당시의 인구가 434만 명 정도였으니, 인구의 2.3퍼센트 정도가 사라진 것입니다. 참고로 덧붙이자면, 제1차 세계대전 당시 영국의 인구 피해가 약 2.2퍼센트였습니다.

게다가 유비는 전쟁이 끝난 뒤, 머지않아 죽고 말았습니다. 전쟁으로 엄청난 피해를 입은 나라. 심지어 초대 군주는 사망. 금방 멸망해도 이상하지 않았겠지요. 이런 촉을, 제갈량은 단 5년 만에 부국으로 만들었습니다(제갈량 표 촉한 발전 5개년 계획 발동!).

먹는 것은 적고 일은 많은 삶(食少事煩)

　　　　　　　　　　고대 국가를 경제적으로 안정시키려면 무엇을 해야 할까요? 식량 생산을 위한 농업의 발전은 기본입니다. 여기에 전문 관청까지 설치해 잠업(蠶業)을 부흥시켰는데요, 촉의 비단은 적국 위에서조차 환장을 하던 사치품이었습니다. 제철기술을 발전시켜 병기 및 농기구의 제작에도 큰 보탬이 되게 했고요. 염업의 발전에도 지대한 공을 세웠는데, 직접 연구한 화석연료는 소금 생산량을 비약적으로 늘렸을 뿐 아니라 신뢰도 높은 화폐 제조에도 사용되었습니다. 목우유마(木牛流馬: 운송용 수레)나 원융(元戎: '제갈노'라고도 불리는 쇠화살, 10발을 동시 발사하는 것이 가능) 등의 개발을 고려하면, 발명가로서의 역량도 엄청났다고 할 수 있겠습니다.

　　이렇게 확보한 재정을 제갈량은 허투루 쓰지 않았습니다. 엄격한 법제를 내세워, 횡령 등의 사건을 엄격히 수사하면서도 동시에 억울한 사람이 없도록 했습니다.

　　촉은 분명 위와 오에 비해 작은 나라였습니다. 하지만 또 생각만큼 소소한 나라는 아니었습니다. 건국 당시 인구 400만이 넘었거든요. 멸망 당시에는 529만 명에 달했고요. 오늘날의 싱가포르와 비슷한 규모지요.

제갈량은 현대도 아닌 고대에, 그만한 크기의 나라를, 북벌을 시작할 수 있을 정도로 재건하는 데 성공했습니다. 그러니 외교력, 정치력, 행정 능력 등은 논할 필요도 없지 않을까 싶습니다. 게다가 여타의 승상과 달리 황제의 절대적인 총애와 신뢰까지 얻었으니, 인간적인 매력조차 뛰어났겠지요.

그뿐 아닙니다. 수차례에 걸친 북벌 실패, 즉 말하자면 패배에도 불구하고, 촉은 더욱 안정적으로 자리잡았습니다.

쉬운 일은 아니었습니다. 이릉대전 후, 황권과 함께 위에 항복한 촉의 인사가 무려 318명이었습니다. 이 중 절반에 가까운 수가 훗날 장군이나 열후 등에 봉해졌을 정도니, 제법 뛰어난 인재였을 것입니다. 오에 투항한 인재도 분명 있었을 테고요. 즉, 제갈량은 이 재건 사업을 수많은 인재를 뺏긴 상태에서 시작했다는 것입니다. 그만큼 혼자 짊어져야 했던 부담이 더욱 컸겠지요. 하루 종일 일을 하고 또 해도 시간이 부족하지 않았을까요?

더군다나 6년 동안 다섯 번이나 군사를 이끌고 위 공략에 직접 나섰습니다. 이때 제갈량의 삶을 가장 잘 보여주는 표현이 있습니다. 바로 식소사번(食少事煩), 먹는 것은 적고 일은 많다는 뜻입니다.

> 제갈량의 사자가 도착하자 제갈량의 침식(寢食: 잠과 식사)과 업무의 번잡함에 대해서만 묻고 군사에 대해서는 묻지 않았다.
>
> 사자가 대답했다. "공께서는 일찍 일어나 늦게 잠자리에 드시고,

> 20대 이상의 형벌은 모두 직접 챙기십니다. 드시는 음식은 매우 적습니다."
>
> 사마의가 말했다. "제갈량이 곧 죽겠구나." 『위씨춘추』

적국의 사마의도 금방 짐작할 정도의 과로였던 모양입니다. 더군다나 제갈량은 "밖에서 임무를 받들 때는 따로 조달할 것 없이 제 한 몸의 먹고 입는 것을 모두 관부에 의지"했다고 자랑스레 표를 올렸을 정도로, 무척이나 검약하며 살았습니다. 잠자리도, 밥도 부실했을 3세기의 군영에서, 오로지 주어진 것만으로 피로를 회복하기는 쉽지 않았겠습니다.

더군다나 제갈량은 현대에도 장신으로 여겨지는 184센티미터였습니다. 용모가 뛰어나다는 『정사』의 기록도 있었으니, 깡마른 체격도 아니었을 것입니다. 당시에는 건장한 체격이 뛰어난 용모의 조건 중 하나였으니까요.

그렇다면 기초대사량만 보아도 최소 1,600킬로칼로리는 넘었을 것입니다. 일이 많았던 만큼 잠도 적게 자고 머리도 많이 썼을 테니, 필요한 열량도 그 이상이었겠지요. 그런데도 밥을 적게 먹었다면, 신체에 무리가 갔을 수밖에 없습니다.

> 서로 대치한 지 백여 일이 지나 그해 8월, 제갈량이 질병으로 군중에서 죽으니, 이때 나이 54세였다. 『정사』

사마의의 예상대로, 제갈량은 오래지 않아 죽고 맙니다.『위서』에서는 "군량이 다하고 어지러워지자 근심과 분노로 피를 토하고, 하룻밤에 진영을 불사르고 달아나다 계곡으로 들어섰을 때 도중에 발병하여 죽었다"는 구절도 있습니다만, 배송지(裴松之)는 반박했습니다. 그도 그럴 것이, 근심과 분노로 죽을 만큼 형세가 어렵지는 않았기 때문입니다. 그러니 사마의의 판단처럼 과로가 가장 설득력 있는 사인이 아닐까 싶습니다.

제갈량의 〈후출사표(後出師表)〉에는 "국궁진췌 사이후이(鞠躬盡瘁 死而後已)"라는 구절이 나옵니다. "몸을 굽혀 온 힘을 다할지니, 죽은 후에나 그치겠다"는 뜻입니다.

〈후출사표〉의 위작 논란과 별개로, 제갈량의 삶을 제대로 표현한 구절입니다. 몸이 망가질 정도로, 죽을 때까지 달리고 또 달렸으니까요.

제갈량은 회사로 치면 CEO이면서도 인사, 기획, 재무, 감사, 개발 기타 등등에 모두 직접 관여하고 업무 진행 상황을 확인하고 검토하는 방식으로 일을 진행한 것입니다. 인재가 부족하여 강제로 이렇게 일해야 했겠지만 말입니다. 물론 이렇게 다 챙겨가며 일을 하면 회사는 나름 잘 돌아가겠지만(부하직원들은 좀 눈치가 보이겠으나…), 본인의 체력은 바닥날 수밖에 없죠.

식소사번(食少事煩)이라는 표현도 단순히 적게 먹고 바쁘다는 것이 아니라, 식사가 굉장히 불규칙하고 대충 먹었다는 뜻이 들어 있을 것으로 생각됩니다. 현대인들도 바쁠 때는 균형 잡힌 식단을 천천히 섭취하긴 어렵기에 패스트푸드나 간식으로 끼니만 때우기도 하니까요. 또한 업무가 많다 보니 "일찍 일어나 늦게 잠자리에 드는" 식으로 수면시간이 매우 줄어들었을 것입니다. 게다가 짧은 수면 동안 깊이 잠이 들기나 했을지도 의문입니다. 사망 전에는 백일 가까이 전장에 있었고, 전장의 특성 상 예상치 못한 순간에 들어오는 온갖 상황 변화에 대한 보고를 받아야 하느라 숙면을 취하지도 못했을 것입니다. 게다가 제갈량이 맡고 있는 업무 특성 상, 나가서 운동을 한다거나 햇볕을 충분히 쬐는 등의 일도 드물었을 겁니다.

말 그대로 '가속노화' 특급열차를 탄 듯한 삶을 살았겠지요.

비슷한 예로 조선시대에도 왕권 강화를 위해 신하들에게 일을 나눠 맡기는 의정부서사제 대신 왕이 전부 다 확인하고 결재하는 방식의 육조직계제를 시행한 왕들이 있습니다. 바로 왕자의 난의 주역 태종과 계유정난을 일으켰던 세조이죠. 두 명 모두 왕권 강화라는 목적은 달성했지만 확실히 무리가 갔는지 각각 54세와 50세의 나이에 사망하고 말았습니다. 물론 조선시대 기준으로 요절은 아니어도, 특별히 건강상의 문제가 언급된 적 없던 두 왕이 생각보다 이른 나이에 사망한 것에는 육조직계제로 인한 과로가 어느 정도 영향을 주었을 가능성도 고려해볼 수 있습니다.

생명을 갉아먹는 과로

제갈량의 사망 원인으로 추정되는 과로사(過勞死)란 현대에서는 산업 재해의 한 종류로 여겨지며, 노동자가 일을 지나치게 하거나 무리해서 그 피로로 갑자기 사망하는 것을 의미합니다. 영어로는 놀랍게도 과로사의 일본어 발음에서 따온 '카로시(Karoshi)'라고 합니다.

이러한 영단어가 생겨난 이유는, 1970년대부터 일본의 생산 관리(Japanese production management: 품질 '개선(Kaizen)'을 위해 자발적 잔업이 늘어나는 시스템)와 심뇌혈관질환으로 인한 갑작스러운 사망과의 관계에 대한 논쟁이 대두되었고 이러한 사망에 대해 일본인들이 '과로로 인한 사망(death from overwork)'라는 의미로 과로사라는 용어를 처음 사용하였기 때문입니다.[1]

산업화의 그늘 속에서 여러 가지 원인으로 사망에 이르게 되는 노동자들이 많이 나타났습니다. 이런 가운데 노동자들이 근무 상황에서 접촉하는 다양한 화학물질이나 시끄러운 소음과 추운 업무 환경 같은 외적 요인이 심뇌혈관질환 발생과 관련이 있다는 것은 비교적 널리 알려졌으나,[2] 스트레스나 장시간의 근무가 심뇌혈관질환 발생 위험도에 미치는 영향에 대해서는 명확하게 밝혀져 있지 않았습니다.

그러나 1960년대 이래로 심뇌혈관질환의 발생 위험을 높이는 데 직무에 의한 스트레스와 긴 근무시간이 영향을 준다는 증거들이

나타나고 있습니다.[3]

직무에 의한 스트레스(업무 강도, 경쟁, 직장 내 인간관계 등)는 우울, 불안, 불면 등 업무 효율 및 생산성 지하는 물론 주의력과 집중력의 저하로 인해 각종 사고와 연결될 가능성이 높으며, 적절히 개입하지 않으면 자살 사고로도 이어질 수 있습니다.[4] 그리고 긴 근무시간이 심혈관질환의 위험요인이라는 증거들도 꾸준히 축적되고 있습니다.[5]

2015년에 발표된 대규모 메타분석 연구(603,838명 대상)는 근무시간과 심혈관질환의 발생 위험 간의 용량-반응 관계를 보여준 바가 있습니다. 이 연구 결과에 따르면 근무 시간이 주당 40시간을 초과한 사람들에서, 심뇌혈관질환 발생의 위험이 주당 41~48시간 근무한 경우에는 10퍼센트, 49~54시간 근무에서는 27퍼센트, 55시간 이상 근무에서는 33퍼센트까지 증가하였다고 합니다.[6]

이런 연구 결과에 맞춰, 대한민국 역시 2018년 3월, 주 52시간 근무제를 시행하고 있습니다. 물론 모두가 적용 대상은 아닙니다. 군인과 교사를 포함한 공무원은 원한다면 월 57시간 이상의 초과근무 수당을 받지 못할 뿐, 52시간 이상 일할 수 있습니다. 마찬가지로 전공의 역시 4년의 수련 기간 동안 주 52시간 대신 주 80시간(최대 88시간) 근무제를 적용받고 있습니다. 물론, 상기한 연구 결과를 보면 주 80시간은 너무 가혹하다고 볼 수 있습니다.

장시간 근무 외에도 과로사의 위험요인으로 휴일에 하는 근무, 단신으로 장기간 출장을 가는 것, 야근을 포함한 교대근무 등이 있다고 하는데,[7] 오장원(五丈原)에서 사망할 당시 제갈량의 경우에는 거의 모든 위험요인을 다 갖추고 있었던 것 같습니다. 출장을 대규모 부대와 함께 떠났다는 것 빼고는 모든 위험요인이 다 제갈량에게 들어맞고 있었으니까요.

한편으로는 장시간의 근무가 직장에서 승진 가능성 및 향상된 직업 안정성으로 연결된다면 어느 정도 부정적인 건강 효과를 상쇄할 가능성도 있기에,[8] 장시간 근무와 과로사 위험도의 연관 관계 평가를 위해서는 더 많은 연구가 필요할 것으로 생각됩니다. 이런 관점도 고려하면 과로 속에서 제갈량을 버티게 했던 원동력은 촉한의 발전이라는 열매였을지도 모릅니다.

제갈량이 더 오래 살았더라면?

만약 제갈량이 조금 더 오래 살았다면 어땠을까요? 조조는 64, 65세쯤 죽었고, 유비는 61세쯤 죽었습니다. 제갈량도 하다못해 6, 7년이라도 더 살아서 본인의 주군만큼이라도 살았다면 어떠했을까요? 평생의 경쟁자 사마의 역시 71세에 사망했습니다. 제갈량 역시 사마의처럼 70세가 넘어서야 천수를 다했다면요? 그랬다면, 삼국의 역사는 바뀌었을까요?

앞서 말했듯, 제갈량에게는 상황을 반전시킬 정도의 신묘한 재략은 없었습니다. 이는 제갈량 사후의 재상도 마찬가지라, 촉은 한동안 건실함을 유지할 뿐 위나 오를 압도하지는 못했습니다.

다만 그런 상상은 해봅니다. 명군으로 여겨졌던 조예의 흑화는 235년 3월, 계모 곽씨가 죽으며 시작되었습니다. 제갈량이 죽은 지 약 8개월이 된 시점입니다. 이때부터 조예는 사치와 향락에 푹 빠졌습니다. 가장 경계하던 제갈량이 사망하니, 긴장이 풀린 것이지요.

조예는 그로부터 3년 후, 서른다섯의 젊은 나이에 사망합니다. 지나친 술과 여색이 사망에 영향을 미쳤을 것 같습니다. 만약 제갈량이 죽지 않았다면, 조예 역시 그렇게 빠르게 해이해지지도, 주색에 빠지지도 않았겠습니다. 그렇다면 요절하지 않았을지도 모릅니다. 사마씨에게 정권이 넘어갈 일도 없었을 테고요.

어쩌면 제갈량의 죽음은 진의 탄생에 중요한 역할을 했던 것일지도 모릅니다. 애초에 사마의가 부상한 것도, 바로 그 제갈량을 막아낸 덕분이기도 하고 말입니다(진의 숨은 개국공신 제갈량?).

물론 반대의 경우도 상상해볼 수 있습니다. 조예의 '흑화'는 심리적인 문제에서 기인했다는 이야기가 있는데요, 그렇다면 제갈량이 건재했더라도 그와 상관없이 주색에 빠져들었을지도 모릅니다. 제갈량은 그 사이 위와 대등한 수준까지 촉의 국력을 끌어 올리고요. 어느 쪽이든, 지금 우리가 알고 있는 삼국지와는 다른 양상을 띠었을 것 같습니다.

『삼국지연의』의 마지막도 "鼎足三分已成夢, 後人憑吊空牢騷 (어지러운 세상의 일들은 끝이 없고, 하늘이 준 운명은 아득하여도 피할 수가 없네. 솥발처럼 나뉘었던 셋은 한낱 꿈이 되었으되, 후세 사람들은 추모하며 공연히 불평할 뿐이네)" 이 문장이 아니라 전혀 다른 내용으로 끝맺음 했을지도요.

어쨌든 죽어가던 제갈량이야말로 하늘을 향해 자신의 피할 수 없는 죽음에 대해 불평을 토로했을지도 모릅니다.

눈을 감는 순간에서야 과로에서 벗어날 수 있었던 제갈량을, 우리는 '천재 책사'보다는 '책임감 넘쳤던 워커홀릭'으로 기억해주는 것이 어떨까 싶습니다.

맺음말

『삼국지』 속 영웅들은 그저 신화적 인물이 아니라 살아 있었던 사람들입니다. 『정사』에 기록된 병증과 죽음의 흔적은 영웅들의 인간적인 나약함을 드러내지만, 동시에 그들의 삶을 더 진실하게 비춰 줍니다. 우리는 역사 기록 속의 단편적인 묘사들을 바탕으로, 현대 의학이라는 새로운 해석의 틀을 적용해 보았습니다. 물론 고대의 사료에는 한계가 있습니다. 당시의 기록자들이 남긴 몇 줄의 묘사만으로 병명을 단정하는 것은 불가능합니다. 따라서 우리의 작업은 어디까지나 '가상 진단'이며, 의학적 상상력과 학문적 추론이 만나는 지점에 서 있습니다.

그러나 이러한 시도는 단순한 추측을 넘어, 의학이 가진 또 다른 얼굴을 보여줍니다. 의학은 단지 병을 치료하는 기술이 아니라, 인간의 삶과 죽음을 이해하는 지적 모험이기도 합니다. 고대의 영웅들이 겪었던 질병을 다시 해석하는 과정은, 곧 인간이 시간과 문화를 초월해 공유하는 보편적 경험—질병과 고통, 그리고 죽음—을 성찰하는 길이었습니다.

이 책은 『삼국지』를 읽는 새로운 방법을 제안합니다. 그동안 『삼국지』는 정치와 전쟁, 의리와 배신의 이야기로 주로 읽혀왔습니다. 그러나 의학이라는 렌즈를 통해 다시 바라볼 때, 우리는 그 속에서 한층 더 생생한 인간의 얼굴을 발견할 수 있었습니다. 질병 앞에서 무너지는 영웅의 모습, 끝내 피할 수 없는 죽음을 맞이하는 장수의 모습은 우리에게 또 다른 감흥을 줍니다.

역사는 단순히 과거에 머물러 있지 않습니다. 그것은 현재를 살아가는 우리와 대화를 이어갑니다. 『삼국지』 속 영웅들의 인간적인 면모에 감흥을 느끼셨다면, 우리의 전장인 일상생활 속에서도 건강을 지키기 위한 노력을 계속해 나가시길 바랍니다. 영웅들이 병과 죽음을 피할 수 없었던 것처럼, 우리 역시 인간으로서의 유한함을 안고 살아갑니다. 그러나 그 유한함을 직시할 때, 우리는 오히려 더 지혜롭게, 더 건강하게 삶을 꾸려갈 수 있을 것입니다.

이 작은 시도가 독자 여러분께 『삼국지』를 새롭게 즐기고 사유하는 계기가 되기를 바랍니다. 또한 인간의 연약함과 강인함이 교차하는 지점에서, 우리가 배워야 할 삶의 지혜를 발견하게 되기를 진심으로 바랍니다.

미주

1. 한(漢)의 대장군 원소, 피를 토하며 죽다: 건강 악화로 모든 것을 잃은 최강자

1) The history of tuberculosis: from the first historical records to the isolation of Koch's bacillus. I. Barberis, N.L. Bragazzi, L. Galluzzo, and M. Martini, *J Prev Med Hyg*. 2017 Mar; 58(1): E9-E12.

2) The tuberculosis timeline: Of white plague, a birthday present, and vignettes of myriad hues. Y. Agarwal, R. Chopra, +1 author R. Sethi. April 2017. *Medicine*. Astrocyte

3) Ancient hepatitis B viruses from the Bronze Age to the Medieval period. Barbara Mühlemann, Terry C. Jones, Peter de Barros Damgaard, et al., *Nature* volume 557, pages418-423 (2018)

4) Stress-Induced Diabetes: A Review. Kapil Sharma, Shivani Akre, Swarupa Chakole, and Mayur B Wanjari. *Cureus*. 2022 Sep; 14(9): e29142. Clinical significance of stress-related increase in blood pressure: current evidence in office and out-of-office settings. Masanori Munakata. *Hypertension Research* volume 41, pages553-569 (2018)

5) Mental Stress and Its Effects on Vascular Health. Jaskanwal Deep Singh Sara, MBChB,a Takumi Toya, MD,a Ali Ahmad, MD, et al., *Mayo Clin Proc*. 2022 May; 97(5): 951-990.

6) A Modern Approach to Dyslipidemia. Amanda J Berberich and Robert A Hegele, *Endocr Rev*. 2022 Aug; 43(4): 611-653.

2. 오(吳)의 도독 여몽, 병으로 요절하다: 담보된 꽃길을 불태운 가족성 위암

1) "Cancer". World Health Organization. 12 September 2018. Retrieved 19 December 2018.

2) History of Cancer, https://canceratlas.cancer.org/history-canccr/History of Cancer Explore a timeline of the history of cancer from 18th century BCE to 2011. canceratlas.cancer.org

3) "유독 인간에게 찾아오는 질병 '암'". https://www.dongascience.com/news.php?idx=32774

4) 배재문 (2005년). "위암치료의 최신 동향"

5) Helicobacter pylori in ancient human remains. Frank Maixner, Kaisa Thorell, Lena Granehäll, et al., *World J Gastroenterol*. 2019 Nov 14; 25(42): 6289-6298.

6) Gastric Cancer in Young Adults: A Different Clinical Entity from Carcinogenesis to Prognosis, Jian L, *Gastroenterol Res Pract*. 2020 Mar 2.

3. 위(魏)의 삼공 종요, 말문이 막히다: 48세 연하녀와의 만남은 실어증을 낳고

1) 세계 신기록으로는 94세에 첫 아이를 얻었다고 주장하는 인도인 람지트 라그하브(Ramjit Raghav, 1916~2020)라는 사람이 있습니다. 이 남성은 94세에 첫 아이, 96세에 둘째를 얻었다고 하여 '세상에서 가장 나이 많은 아버지(world's oldest father)'로 유명해지고 매스컴을 타기도 했습니다. 그리고 104세의 나이에 사망하였다고 합니다. 부인도 범상치는 않은 분인데, 첫 아이를 낳았을 때의 나이가 49세였다고 합니다. 여러 가지 의미로 종요 커플과도 비슷합니다. 기네스 기록상에는 오스트레일리아 사람인 레스 콜리(Les Colley, 1898~1998)가 92세에 아버지가 된 것으로 등록되어 있습니다(9번째 아이). 실제 남성의 생식능력도 35세를 넘어가면 감소하기 시작해, 35세 미만 남성의 생식률(fertility rate)은 52퍼센트인데 반하여, 35세 이상에서는 25퍼센트라는 통계도 나온 바가 있습니다(Mathieu C, Ecochard R, Bied V, et al. Cumulative conception rate following intrauterine artificial insemination with husband's spermatozoa: influence of husband's age. *Hum Reprod*. 1995;10:1090-1097).

2) "산초유, 국부마취-진통-향균효과", 〈의학신문〉. http://www.bosa.co.kr/news/articleView.html?idxno=5356

4. 위(魏)의 천자 조비, 머리카락도 목숨도 잃다: 탈모도 서러운데 요절까지

1) Ali Esmail Al-Snafi, Pharmacological and Therapeutic Importance of Erigeron Canadensis(Syn: Conyza Canadensis). 2017. *Indo American Journal of Pharmaceutical Science*.

2) Sevil Savaş Erdoğan, Tuğba Falay Gür, Ezgi Özkur, et al. *Metab Syndr Relat Disord*. 2022 Feb;20(1):50-56. Insulin Resistance and Metabolic Syndrome in Patients with Seborrheic Dermatitis: A Case-Control Study. Aysegul Ozgul, Nihal Altunisik, Dursun Turkmen, et al. *North Clin Istanb*. 2023; 10(2): 271-276. The relationship between seborrheic dermatitis and body composition parameters.

3) Lindsay Huffhines, M.S, Amy Noser, M.S., and Susana R. Patton, Ph.D. The Link Between Adverse Childhood Experiences and Diabetes. *Curr Diab Rep*. 2016 Jun; 16(6): 54.

4) "전염병만큼 무서운 미움의 물결". 안동섭. 2020년. 《동아비즈니스리뷰》. 6월호 Issue 1. https://dbr.donga.com/article/view/1306/article_no/9638/ac/magazine

5. 한수정후(漢壽亭侯) 관우, 자부심과 오만의 경계에 서다: 자기애성 성격장애

1) N G Bisset, Arrow poisons in China. Part I, *J Ethnopharmacol*. 1979 Dec;1(4):325-84.

2) M. Katherine Jung, et al., Alcohol Exposure and Mechanisms of Tissue Injury and Repair. *Alcohol Clin Exp Res*. Author manuscript; available in PMC 2012 Mar 1.

3) American Psychiatric Association. (2013). *Diagnostic and Statistical Manual of Mental Disorders* (5th ed.). Arlington, VA.

6. 소패왕(小霸王) 손책, 죽음을 자초하다: 경계성 성격장애

1) Dorina Winter et al., Lower self-positivity and its association with self-esteem in women with borderline personality disorder. *Behaviour Research and Therapy*. Volume 109, October 2018, Pages 84-93

2) Robert S. Biskin, MD and Joel Paris, MD, Diagnosing borderline personality disorder. CMAJ. 2012 Nov 6; 184(16): 1789-1794. American Psychiatric Association. *Diagnostic and statistical manual of mental disorders*. Fourth edition. Text revision. Washington (DC): The Association; 2000. p. 943

3) The Surgeon General's call to action to prevent suicide. Washington (DC): United States Public Health Service; 1999. Paris J, Zweig-Frank H. A 27-year follow-up of patients with borderline personality disorder. *Compr Psychiatry* 2001;42:482-7.

4) Ryan D. Rosen and Biagio Manna, *Wound Dehiscence*. StatPearls. 2023

5) Maccioli GA, et al. Clinical practice guidelines for the maintenance of patient physical safety in the intensive care unit: use of restraining therapies—American College of Critical Care Medicine Task Force 2001-2002. *Crit Care Med* 2003;31(11):2665. Jung Sun Lee, Restraint in the Intensive Care Unit. *J Neurocrit Care* 2015;8(2):73-77.

7. 서주(西周)의 진등, 회를 즐기다: 먹지 말라는 것을 먹으면

1) China's Long History of Eating Raw Fish, https://www.theworldofchinese.com/2021/06/chinas-long-history-of-eating-raw-fish/. Learn how the Chinese

have been eating raw fish for over 2,000 years www.theworldofchinese.com

2) https://www.joongang.co.kr/article/25221614

3) Victoria Locke, Alexander Kusnik, Melissa S. Richardson. *Clonorchis Sinensis*. StatPearls. December 19, 2022.

4) Qian MB, Utzinger J, Keiser J, Zhou XN. Clonorchiasis. *Lancet*. 2016 Feb 20;387(10020):800-10.

5) Zheng M, Hu K, Liu W, Hu X, Hu F, Huang L, Wang P, Hu Y, Huang Y, Li W, Liang C, Yin X, He Q, Yu X. Proteomic analysis of excretory secretory products from Clonorchis sinensis adult worms: molecular characterization and serological reactivity of a excretory-secretory antigen-fructose-1,6-bisphosphatase. *Parasitol Res*. 2011 Sep;109(3):737-44.

8. 위왕(魏王) 조조, 골머리를 앓다: 극한의 효율성을 추구하기까지

1) *Headache*. 2018 Jun 22;58(8):12031210. Aura in Cluster Headache: A Cross-Sectional Study. Ilse F de Coo, Leopoldine A Wilbrink, Gaby D Ie, Joost Haan, Michel D Ferrari.

2) *Headache*. 2009 Jan;49(1):98-105. Response of cluster headache to kudzu. R Andrew Sewell.

3) *Science*. 1992 Oct 30;258(5083):799-801. Homobatrachotoxin in the genus Pitohui: chemical defense in birds? J P Dumbacher, B M Beehler, T F Spande, H M Garraffo, J W Daly.

9. 패국(沛國)의 화타, 신의(神醫)가 되다: 현대 의학으로 해석하는 화타의 질병 치료기

1) *Anat Rec* (Hoboken). 2022 May;305(5):1201-1214. Hiding in Plain Sight-ancient Chinese anatomy. Vivien Shaw, Rui Diogo, Isabelle Catherine Winder.

2) Valença MM, Valença LP, Bordini CA, da Silva WF, Leite JP, AntunesRodrigues J, et al. Cerebral vasospasm and headache during sexual intercourse and masturbatory orgasms. *Headache* 2004; 44: 244-248.

3) *Arch Neurol*. 2004 Jul;61(7):1114-6. Ischemic stroke during sexual intercourse: a report of 4 cases in persons with patent foramen ovale. Kyra Becker, Elaine Skalabrin, Danial Hallam, Edward Gill.

4) *World J Cardiol*. 2019 Jul 26;11(7):171-188. High-intensity interval training

for health benefits and care of cardiac diseases - The key to an efficient exercise protocol. Shigenori Ito. *Cochrane Database Syst Rev*. 2023 Jan 5;1(1):CD013856. Physical exercise for people with Parkinson's disease: a systematic review and network meta-analysis. Moritz Ernst, Ann-Kristin Folkerts, Romina Gollan, et al. *JAMA Neurol*. 2018 Feb 1;75(2):219-226. Effect of High-Intensity Treadmill Exercise on Motor Symptoms in Patients With De Novo Parkinson Disease: A Phase 2 Randomized Clinical Trial. Margaret Schenkman, Charity G Moore, Wendy M Kohrt, et al.

10. 후한의 동탁과 위의 허저·조진, 현대인의 고질병에 걸리다

1) Obesity: Preventing and Managing the Global Epidemic: Report of a WHO Consultation on Obesity, Geneva, 3-5 June 1997. World Health Organization, Division of Noncommunicable Disease, Programme of Nutrition Family and Reproductive Health; 1998.

2) *J Endocrinol Invest*. 2012 Jan;35(1):2-4. The absence of polymorphisms in ADRB3, UCP1, PPARγ, and ADIPOQ genes protects morbid obese patients toward insulin resistance. R Bracale, G Labruna, C Finelli, A Daniele, L Sacchetti, G Oriani, F Contaldo, F Pasanisi.

3) *J Nutr*. 2013 Dec;143(12):1865-71. Apolipoprotein A2 polymorphism interacts with intakes of dairy foods to influence body weight in 2 U.S. populations. Caren E Smith 1, Katherine L Tucker, Donna K Arnett, et al.

4) *FP Essent*. 2020 May;492:19-24. Obesity: Lifestyle Modification and Behavior Interventions. Keren Wilson

5) *J Obes Metab Syndr*. 2024 Jun 30;33(2):155-165. High Compliance with the Lifestyle-Modification Program "Change 10 Habits" Is Effective for Obesity Management. Bo Hyung Kim, Minji Kang, Do-Yeon Kim, Kumhee Son, Hyunjung Lim.

11. 위의 대장군 하후돈과 무양후 사마사, 마음의 창을 잃다: 애꾸눈이 된 사나이

1) https://www.chosun.com/international/topic/2022/08/04/4OTJFY4LE5E73DYP7HYYIS7O4Y/

2) Negrel AD, Thylefors B. The global impact of eye injuries. *Ophthalmic Epidemiol* 1998;5:143-69.

3) *Ann Afr Med.* 2012 Apr-Jun;11(2):116-8. Arrow injuries to the eye. A Lawan , S A Danjuma.

4) *Indian J Ophthalmol.* 2023 Jul 5;71(7):2687-2693. Bacterial orbital cellulitis - A review. Dayakar Yadalla, Rajagopalan Jayagayathri, Karthikeyan Padmanaban, et al. *Korean J Otolaryngol* 2006;49:118-21. A Case of Deep Neck Infecton Followed by Orbital Cellulitis. Dong Wook Lee, MD, Ji-Seong Jeong, MD, Seung Jae Yoo, MD and Il Hun Bae, MD.

12. 촉한(蜀漢)의 승상 제갈량, 과로사로 져버리다: 국가의 발전을 위해 갈아 넣은 생명력

1) Nishiyama K, Johnson JV. Karoshi-death from overwork: occupational health consequences of Japanese production management. *Int J Health Serv* 1997;27:625-641.

2) Nurminen M, Hernberg S. Effects of intervention on the cardiovascular mortality of workers exposed to carbon disulphide: a 15-year follow up. *Br J Ind Med* 1985;42:32-35. Kristensen TS, Kornitzer M, Alfredsson L, Marmot M. *Social factors, work stress and cardiovascular disease prevention in the European Union.* The European Heart Network, 1998.

3) Buell P, Breslow L. Mortality from coronary heart disease in California men who work long hours. *J Chronic Dis.* 1960;11:615-626.

4) *J Korean Neuropsychiatr Assoc* 2020;59(2):88-97. Job Stress and Depression. Young-Chul Shin.

5) *Curr Cardiol Rep.* 2018 Oct 1;20(11):123. Long Working Hours and Risk of Cardiovascular Disease. Marianna Virtanen, Mika Kivimäki.

6) *Lancet.* 2015 Oct 31;386(10005):1739-46. Long working hours and risk of coronary heart disease and stroke: a systematic review and meta-analysis of published and unpublished data for 603,838 individuals. Mika Kivimäki, et al.

7) Uehata T. Long working hours and occupational stress related cardiovascular attacks among middle-aged workers in Japan. *J Hum Ergol* (Tokyo) 1991;20:147-153.

8) Commission on Social Determinants of Health. *Closing the Gap in a Generation: Health Equity Through Action on the Social Determinants of Health.* World Health Organization, Geneva (2008)

그림 출처

13쪽 https://ko.wikipedia.org/wiki/%EC%9B%90%EC%86%8C_(%ED%9B%84%ED%95%9C)

31쪽 https://ko.wikipedia.org/wiki/%EC%97%AC%EB%AA%BD

49쪽 https://ko.wikipedia.org/wiki/%EC%A2%85%EC%9A%94

51쪽 https://ko.wikipedia.org/wiki/%EB%A7%88%EC%B4%88_(%EC%B4%89%ED%95%9C)

57쪽 https://en.wikipedia.org/wiki/Broca%27s_area

66쪽 https://ko.wikipedia.org/wiki/%EC%A1%B0%EB%B9%84

71쪽 https://ko.wikipedia.org/wiki/%EB%AC%B8%EC%86%8C%ED%99%A9%ED%9B%84

76쪽 https://ko.wikipedia.org/wiki/%EC%A1%B0%EC%B0%BD_(%EC%A1%B0%EC%9C%84)

90쪽 https://ko.wikipedia.org/wiki/%EA%B4%80%EC%9A%B0

110쪽 (좌) https://ko.wikipedia.org/wiki/%EC%86%90%EC%B1%85

110쪽 (우) https://ko.wikipedia.org/wiki/%EC%A3%BC%EC%9C%C%A0

116쪽 https://ko.wikipedia.org/wiki/%EC%86%90%EA%B2%AC

123쪽 https://ko.wikipedia.org/wiki/%EA%B0%95%EB%8F%99%EC%9D%B4%EA%B5%90

152쪽 https://ko.wikipedia.org/wiki/%EC%A1%B0%EC%A1%B0

156쪽 https://commons.wikimedia.org/wiki/File:Emperors_wearing_Qia.jpg

190쪽 https://ko.wikipedia.org/wiki/%ED%99%94%ED%83%80

193쪽 http://www.qigong.co.kr/daoyin/daoyin04.html

197쪽 https://ko.wikipedia.org/wiki/%EB%8F%99%ED%83%81

200쪽 https://ko.wikipedia.org/wiki/%ED%97%88%EC%A0%80

203쪽 https://ko.wikipedia.org/wiki/%EC%A1%B0%EC%A7%84

206쪽 https://commons.wikimedia.org/wiki/File:Venus_von_Willendorf_01.jpg

212쪽 https://ko.wikipedia.org/wiki/%ED%95%98%ED%9B%84%EB%8F%88

220쪽 https://ko.wikipedia.org/wiki/%EC%82%AC%EB%A7%88%EC%82%AC

226쪽 https://ko.wikipedia.org/wiki/%EC%A0%9C%EA%B0%88%EB%9F%89

생로병사 삼국지

2025년 11월 11일 1판 1쇄 발행

지은이	유수연·정미현
펴낸곳	에이도스출판사
출판신고	제2023-000068호
주소	서울시 은평구 수색로 200
팩스	0303-3444-4479
이메일	eidospub.co@gmail.com
페이스북	facebook.com/eidospublishing
인스타그램	instagram.com/eidos_book
블로그	https://eidospub.blog.me/
표지 디자인	공중정원
본문 디자인	개밥바라기

ISBN 979-11-85415-81-9   03510

※ 잘못 만들어진 책은 구입하신 서점에서 바꾸어 드립니다.
※ 이 책 내용의 전부 또는 일부를 재사용하려면 반드시 지은이와 출판사의 동의를 얻어야 합니다.